JN006398

今すぐ使える
かんたんbiz

Zoom
ビジネス活用
大全

著
リンクアップ

監修
分散システム技研合同会社

技術評論社

■目次

第1章 Zoomの基本の技

第2章 Zoomミーティングの技

第3章 チャットの技

第 **4** 章 チャンネル機能の技

第5章 外部ツール連携の技

第6章 Zoomの有料プラン管理者の技

第7章 ウェビナーの技

第8章　スマートフォンやタブレットの技

第 1 章

Zoomの基本の技

Zoomの特徴を知る

Zoomとは、米国のZoomビデオコミュニケーションズが開発・提供するWeb会議ツールです。 オンラインミーティングやチャットなどのコミュニケーション機能が充実し、昨今、企業だけでなく学校などでも導入されています。

□ Zoomとは

Zoomとは、世界でトップシェアを誇るWeb会議ツールです。パソコンやスマートフォン、タブレットなどといった、ありとあらゆるデバイスから、人々との対面ミーティングが叶います。

新型コロナウイルスの蔓延により、国内外問わず企業や学校などでは、テレワークやオンライン授業が主流となって久しいですが、とくにビジネスにおいては、新たな働き方の1つとして、現在も、公的機関や大手企業へのテレワーク導入は増加しています。また、近年では、イベントやセミナーなどへの参加がオンライン上で行われ、日常生活に徐々にオンライン化が浸透してきています。

そのような中、多くの機関が導入し、映像や音声だけでなく、テキストなどで複数人とインターネットを介してコミュニケーションを図れるツールが、「Zoom Video Communications, Inc.（Zoomビデオコミュニケーションズ）」が提供する、「Zoom（ズーム）」です。インターネット環境さえあれば、場所やデバイスを問わずに、誰でもミーティングに参加できるため、さらなる集客が期待できるツールとしても注目されています。

Zoomが選ばれる最大の理由は、特別な知識を必要とせず、無料で、誰でも気軽にオンラインミーティングを主催できるところでしょう。参加できる人数や、ミーティングの時間に制限はかかりますが、基本的な機能はほとんど備わっています。専用のアプリをインストールするだけで、不自由なく利用を始められます。

▲ 「Zoom」（https://zoom.us/）

□Zoomの特徴

　Zoomの特徴は、無料プランであっても、有料プランと大差なく使えることです。時間制限や、人数制限などはありますが、ミーティングを主催して参加者を招待したり、グループ通話をしたりと、それほど困ることなく十分に扱えるツールとなっています。また、日程調整アプリや、スケジュール管理アプリなどとの連携もかんたんに行えます。さらに、ミーティングに参加するだけなら、アカウントを必要とせず、誰でも参加できるため、ビジネスで利用するうえでは、かなり重宝する点も、大きな特徴の1つです

●無料で利用可能
アカウントを作成すれば、すぐにZoomを始めることができます。また、会議に参加するだけなら、アカウント不要で、誰でもかんたんにミーティングに参加できます。一部制限はありますが、無料プランでもテレワークに必要なツールを十分に利用することが可能です。

●アプリと連携
2,000種類以上のアプリと連携ができます。カレンダーツールと連携してスケジュール共有を行ったり、会議を設定したりすることができます。単体でZoomを使用するよりも、幅広く作業ができるでしょう。

●充実した機能
会議の内容を録音・録画できるレコーディング機能や、資料が手元になくても、必要な情報などをすぐにオンライン上で説明できる画面共有機能などが充実しています。ミーティングをするうえで、必要な機能がすべてそろっています。

●通信の安定性
1対1のミーティングでも大人数でも、安定した接続環境が提供できます。Zoom独自の映像圧縮技術によって、1回あたりのデータ通信量を抑えます。ほかのWeb会議ツールと比べても、少ない通信量で安定した映像と音声を届けられます。

□アプリやサービスとの連携ができる

　Zoomは、外部ツールと連携させることで、より便利になります。DropboxやOutlook、Googleカレンダー、TimeRex、Snap Camera、Slackといったさまざまな用途のアプリと連携すれば、ワークフローを効率化できます。2023年4月現在、ホームページ上で2,000点以上のアプリが公開されています。なお、Zoomとほかのアプリを連携するには、アカウントの登録が必要です。

▲「Zoomアプリマーケットプレイス」(https://marketplace.zoom.us/)

SECTION 002 Zoomの利用に 必要なものを確認する

Zoomでは、パソコンやスマートフォンなどのデバイスを通して、ミーティングを開始します。ミーティングに参加するだけならアカウントは不必要ですが、主催するには、まずZoomアカウントを作成する必要があります。

□ Zoomアカウント

　Zoomミーティングに参加するだけであれば、ライセンスの取得や、アカウントを作成する必要はありません。ZoomアプリからミーティングIDを入力したり、あらかじめ主催者（ホスト）から与えられたURLにアクセスしたりすれば、かんたんに参加できます。

　Zoomミーティングを主催したり、参加者を招待したりしたい場合は、Zoomのアプリをインストールするだけでなく、アカウントを作成する必要があります。なお、単にZoomミーティングを行うだけであれば、無料プランでも有料プランでも問題はありません。しかし、ミーティングは40分まで、という時間制限をなくしたい、100人以上の大人数で行いたい、ということであれば、有料プランのアカウントを作成し、ライセンスを取得しておく必要があります。無料プランでも有料プランでも、アカウントを作成しておくことで、Zoomミーティングを主催する側になったときに、制限が解除され、与えられる権限も広がります。

　また、複数のメールアドレスを用意すると、複数のアカウントを作成することができます。ビジネス用とプライベート用にアカウントを作成し、使い分けることもおすすめです。もちろん、1つを無料プラン、もう1つを有料プランにすることも可能です。まだアカウントを作成していない場合は、無料でかんたんに作成できるので、ぜひ作成しておきましょう。本書でも、Zoomアプリのインストールからアカウント作成方法まで解説しているので、参照してください（P.24〜27参照）。

▲ 「Zoomアカウント」（https://zoom.us/signup#/signup）

□ 利用できる端末

デバイス	インターネット接続	映像／音声	オプション
パソコン	有線接続 （LAN ケーブル）	内蔵カメラ、 マイク	Web カメラ、キャプチャーボード とハンディカム、イヤホンマイクな ど
	Wi-Fi		
スマートフォン／ タブレット	モバイル通信 （4G ／ LTE など）	カメラ、マイク	Bluetooth ワイヤレススピーカー、 イヤホンマイクなど
	Wi-Fi		

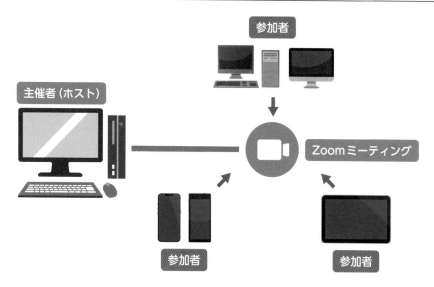

□ Zoomの利用を補助するツール

　ノートパソコンやスマートフォン、タブレットの場合は、カメラやマイク、スピーカーなどが内蔵されている場合が多いですが、そうでない場合は、別途用意しましょう。環境に合ったものを選ぶことで、より快適にZoomを利用できます。

デバイス	概要
ヘッドセット （USB・イヤホン ジャックなど）	マイク付きのヘッドホンです。有線のほうが音と接続が安定し、外部のノイズを拾いづらくなります。
スピーカーフォン	USB ケーブル、または Bluetooth で繋げるだけで、かんたんに作業を開始できます。マイクとスピーカーを複数のデバイスで共有し、ハンズフリーで利用できます。
外付けカメラ	設置場所や角度を変えることによって、自由に自身の見え方を調節できます。また、画質の調整も可能です。
外付けスピーカー	USB 接続、または Bluetooth で繋げます。音質がクリアになり、ミーティング中も、相手の声を聞き取りやすくなるでしょう。

Zoomの種類を確認する

Zoomミーティングには、大きく分けて2種類の会議ツールがあります。あらゆるデバイスで使える「Zoom Meetings」と、据え置き型の「Zoom Rooms」です。それぞれ使い分けて効率のよい会議を実現しましょう。

□ 2種類の特徴

　Zoomには、「Zoom Meetings」と、「Zoom Rooms」という2つのサービスがあります。Web会議ツールとして一括りにされがちですが、両者の機能には、明確な違いがあります。Zoom Meetingsは、個人にライセンスが与えられ、個々のデバイスからZoomミーティングを主催できます。Zoom Roomsは、会議室にライセンスが与えられ、会議室からZoomミーティングを開始できる、というような特徴があります。Zoom Meetingsは、無料で登録でき、Zoom Roomsは30日の無料トライアル期間を得られます。まずは、実際に使用してみて、利用しやすいサービスを選びましょう。

　本書では、Zoom Meetingsの機能を中心に解説していますが、Zoom Roomsにおいても、使い方はほとんど変わりません。大きく異なる点は、Zoom Roomsではライセンスを会議室（専用端末）が保有するため、誰でもミーティングを主催できることです。

	Zoom Meetings	Zoom Rooms
イメージ	Web会議	テレビ会議
使い方	個人のパソコンやスマートフォンなどのデバイスを利用して会議を行う	会議室に複数人が集まって、設置された専用機器を利用して会議を行う
ライセンス	個人単位	会議端末単位
利用するデバイス	個人のパソコン、スマートフォン、タブレットなど	常設の端末（スピーカー、カメラ、マイク、タッチ操作コントローラーなど）
無料プラン	基本プラン	※30日間のトライアルのみ
有料プラン	・プロプラン ・ビジネスプラン ・ビジネスプラスプラン ・企業プラン（※問い合わせが必要）	・Zoom Rooms ライセンス ・Zoom Rooms エンタープライズ 　（※問い合わせが必要）
価格	ライセンス数による（P.19参照）	6,600円/月/1室当たり
おすすめの利用シーン	オンラインミーティング、講義など	会議室での大規模会議

□ Zoom Meetings

「Zoom Meetings」とは、パソコンやスマートフォン、タブレットなどのさまざまなデバイスを利用して、オンラインミーティングやウェビナーなどを開始できるサービスです。一般的に、広くWeb会議ツールとして認知され使われているのは、このサービスとなり、基本的に「個人と個人」を繋いでWeb会議を行います。ライセンスさえ持っていれば、個人のデバイスからどこからでも会議を主催できます。また、画面共有機能、資料共有機能、ホワイトボード機能などといった、さまざまな便利機能が備わっているため、このアプリさえあればスムーズな会議が実現可能です。

▲ 「Zoom Meetings」（https://explore.zoom.us/ja/products/meetings/）

□ Zoom Rooms

「Zoom Rooms」とは、専用の機器を常設した会議室に人が集まり、1カ所からオンラインミーティングを開始、参加できるサービスです。基本的に、「会議室と会議室」もしくは「会議室と個人」を繋いでWeb会議を行います。ライセンスは個人ではなく会議室が保有しているため、ライセンスを持っていない人でも、参加することができます。参加者の誰のパソコンからも画面共有可能だったり、最大で三面モニターを活用できたりするため、大規模なWeb会議を行う際に向いています。

▲ 「Zoom Rooms」（https://explore.zoom.us/ja/products/zoom-rooms/）

主催者（ホスト）と
参加者（ゲスト）の違いを知る

Zoomにおいて、ミーティングを開始する主催者を「ホスト」といい、参加者を「ゲスト」といいます。ミーティングにおいての立場は主に主催者（ホスト）と参加者ですが、主催者であるホストには、多くの権限が与えられています。

□ 主催者（ホスト）

Zoomにおける主催者（ホスト）とは、Zoomミーティングを主催するユーザーのことです。ミーティングIDを発行し、参加者を招待します。主催者（ホスト）になる場合は、専用のアプリをインストールし、Zoomアカウントの取得と、サインインが必要です。基本的にミーティングには、主催者（ホスト）が必ず1人はいて、多くの権限を持ち、ミーティングを管理しています。

主催者側ができること

参加者のマイクをオフにする	特定の参加者、または全員のマイクをオフに切り替えることができます。オンにするには、参加者にミュートの解除を依頼します。
参加者のカメラをオフにする	特定の参加者、または全員のカメラをオフに切り替えることができます。オンにするには、参加者にビデオの開始を要請します。
参加者の画面共有を制限する	特定の参加者、または全員の画面共有を制限することができます。
参加者の名前の変更をする	参加者の名前を変更することができます。
参加者の名前の変更を制限する	参加者が自分の名前を変更することを防ぎます。
参加者のチャット機能を制限する	参加者がチャットができる対象を制限します。
ミーティングをロックする	ミーティングに新しい参加者を追加することができなくなります。また、一度退出した参加者は、再度入室できません。
参加者を強制的に退出させる	迷惑行為に及ぶ参加者や、知らないユーザーが勝手に入室してきたときは、強制的に退出させましょう。
参加者アクティビティを一時停止する	ミーティングを一時停止することができます。参加者の権限は、すべてロックされます。
ミーティング中に参加者の入室を許可する	ミーティング開始後に、ミーティングへの参加を許可することができます。

※上記は機能の一部です。

投票機能	有料プランのみの機能です。多数決やアンケートなどを作成し、参加者に積極的に参加してもらいましょう。
リモートコントロール機能	ミーティング中に、参加者の画面を遠隔操作することができます。このとき、リモートコントロールを許可した対象の参加者のみ、自身の画面を操作することが可能です。
共同ホスト機能	有料プランのみの機能です。ほかのユーザーに主催者（ホスト）の権限を付与し、ミーティングをサポートしてもらいます。
ブレイクアウトルーム機能	参加人数が多いときは、グループに分けて、ディスカッションやグループワークをすることができます。
録音・録画	無料プランであればローカルレコーディング、有料プランであればクラウドレコーディングができます。
スポットライト機能	Zoomの表示モードがスピーカービューに設定されているときに、利用できます。特定の参加者をメイン画面に固定します。
待機室を設定する	ミーティングが開始されるまでに、参加者を待機室にて待機させることができます。

□ 参加者（ゲスト）

　Zoomにおける参加者（ゲスト）とは、Zoomミーティングに参加するユーザーのことです。ミーティング主催者（ホスト）から与えられるURLをクリックしたり、ミーティングIDをZoomアプリに入力したりして、ミーティングに参加します。主催者（ホスト）と異なり、Zoomアカウントを作成する必要はありません。参加者にとって面倒な手続きが一切ないため、オンライン会議やデバイス操作に慣れていない人にとっても、参加のハードルが低いことが魅力でしょう。

参加者側ができること

自分のマイクをオン／オフにする	マイクのオン／オフを切り替えて、ミーティング中に発言をすることができます。
自分のカメラをオン／オフにする	カメラのオン／オフを切り替えて、画面共有したり、自分を映したりすることができます。
画面共有	自分のデバイスの画面をミーティング参加者全員に共有することができます。
自分の名前を変更する	自分の名前のみを変更することができます。
チャット機能	特定の参加者、または全員にテキストメッセージを送信することができます。

※上記は機能の一部です。

Zoomのプランを確認する

Zoomには「無料プラン」と「有料プラン」があり、有料プランには３つの種類があります。契約しているライセンスによって使える機能やサービスが異なります。また、大企業向けに「企業プラン」というアカウントタイプも用意されています。

▫Zoomのプラン

Zoomには、5つのプランがあります。無料で使える「基本（ベーシック）プラン」、有料の「プロプラン」「ビジネスプラン」「ビジネスプラスプラン」と「企業プラン」です。

基本プランは、無料でZoomミーティングを利用できます。時間の制限や人数の制限などはありますが、基本的な機能はすべてそろっている、パーソナル向けのサービスです。ミーティングに参加するだけであればアカウントは不要ですが、アカウントを登録することで、ミーティングを主催して参加者を招待することができます。

有料プランでは、無料プランと比較して時間や人数の制限などが緩和されたり、利用できる機能が増えたりといった利点があります。しかし、無料プランだけでも十分な内容であるため、まずは、無料プランを使ってみて不便なく使えるのであればそのまま利用を継続し、制限を解除しストレスフリーに使いたいのであれば、有料プランの最安値であるプロプランを登録してみましょう。無料プランから有料プランへは、かんたんにアップグレードすることができます。もちろん、最初から有料プランのアカウントを作成し、不要と感じたら無料プランに戻してもよいでしょう。

また、有料プランの中には、「企業プラン」という大企業向けのサービスもあり、1,000人規模のミーティングの主催や、クラウドレコーディング機能が無制限になったりと十分にZoomの機能を堪能できます。料金や詳細は直接Zoom営業部への問い合わせが必要です。

▲ 「Zoom のプランと料金を比較 」（https://zoom.us/pricing）

□ プランの比較

プラン	基本	プロ	ビジネス	ビジネスプラス
月額（※1）	無料	2,125円	2,700円	3,125円
契約可能ライセンス数（※2）	1	1-9	10-99	10-99
ミーティング時間（※3）	最大40分	最大30時間	最大30時間	最大30時間
参加者の定員（※4）	100名	100名	300名	300名
チャット（メッセージ）	○	○	○	○
ローカルレコーディング	○	○	○	○
クラウドレコーディング	−	5GB（ライセンスごと）	5GB（ライセンスごと）	10GB（ライセンスごと）
投票	−	○	○	○
共同ホスト	−	○	○	○
ストリーミング	−	○	○	○
ユーザー管理	−	○	○	○

※1　1ライセンスあたりの料金。
※2　ミーティングを主催できる権限を持ったユーザーの数。1つのアカウントでベーシックユーザーは無制限に保持できるが、ライセンスユーザーの数（ライセンスを購入できる数）にはプランごとに制限がある。なお、ビジネスプラン／ビジネスプラスプランは最低10ライセンスから契約できる。
※3　グループミーティング（3名以上でのミーティング）の最大時間。
※4　参加者とは、ミーティングライセンスで予定されたミーティングへの招待を受けた人のこと。また、ライセンスユーザーは、有料のアドオンを購入することで参加者の人数制限の上限を引き上げることも可能。

─ COLUMN ─

ライセンスとは

「ライセンス」とは、Zoomミーティングを主催するために用いるIDとなるものであり、アカウントにユーザーを追加したときに、追加したユーザーを主催者（ホスト）にするために必要になるものです。詳しくは、P.160〜163を参照してください。

□ 無料プランでできること

Zoomの無料プランでは、Zoomミーティングの定員参加人数や、ミーティングの時間に制限があります。また、クラウド上へのデータ保存機能、ミーティング中の投票機能など、一部の機能が省かれています。しかし、チャット機能を使って、ほかのユーザーとテキストでやり取りをしたり、ファイルや画面共有をして打ち合わせをしたり、といったことができるため、軽い打ち合わせ程度なら困ることはないでしょう。操作方法や、ミーティング画面も、有料プランとほとんど変わりません。

Zoomミーティングの機能

・1対1のミーティング（最大40分間）
・100人までのグループミーティング
（最大40分間）
・ミーティングのスケジュール設定
・待機室
・ローカル上での録音・録画
・画面共有
・ファイル共有
・ブレイクアウトルーム
・ホワイトボード機能
・バーチャル背景
・リモートコントロール機能
…など

詳しくは、第2章（P.30〜84）を参考にしてください。

チャットの機能

・ほかのメンバーとのメッセージのやり取り
・情報共有
・議事録やメモを取る
・リアクション機能
・意思表示アイコン
・チャットの保存
・参加者のチャット機能を制限する
…など

詳しくは、第3章（P.86〜106）を参考にしてください。

チャンネルの機能

・各部署やグループごとのチャンネル作成
・チャット機能
・Zoomミーティング
・ファイル共有
・画面共有
・連絡先の登録
…など

本書では、一部有料でできる機能も紹介しています。詳しくは、第4章（P.108〜132）を参考にしてください。

外部ツール連携の機能

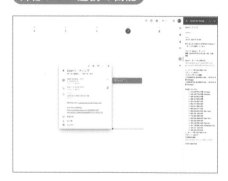

・Googleカレンダーとの連携
・SlackやDropboxなどとの連携
・連携したアプリからZoomミーティングを予約
・連携したアプリからZoomミーティングを主催・参加
…など

詳しくは、第5章（P.134〜158）を参考にしてください。

スマートフォンやタブレットの機能

・スマートフォンからミーティングを主催
・スマートフォンからミーティングに参加
・チャット機能
・ファイル共有
・画面共有
・通知の設定
・チャンネル機能
・ウェビナーに参加
…など

詳しくは、第8章（P.232〜253）を参考にしてください。

Zoomの基本画面を確認する

デスクトップ版Zoomアプリを起動してサインインをすると、Zoomアプリのホーム画面が表示されます。ホーム画面からミーティングを作成したり参加したりできるので、各項目の機能を覚えておくとよいでしょう。

□ Zoomの画面構成

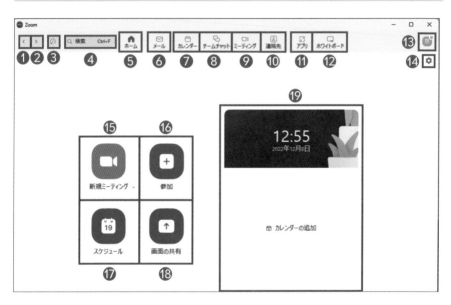

①	1つ前の手順に戻ることができます。	⑪	連携できるアプリが表示されます。
②	1つ先の手順に進むことができます。	⑫	ホワイトボードが表示されます。
③	履歴が表示されます。	⑬	現在の自分の状態が確認できます。
④	Zoom内を検索することができます。	⑭	設定画面が表示されます。
⑤	ホーム画面が表示されます。	⑮	ミーティングを開始することができます。
⑥	メールを作成、返信することができます。	⑯	ほかのユーザーが立ち上げたミーティングに参加することができます。
⑦	自分のカレンダーからミーティングを作成、招待などをすることができます。	⑰	ミーティングを予約できます。
⑧	チャット画面が表示されます。	⑱	自分の画面を共有できます。
⑨	予定されているミーティングが表示されます。	⑲	カレンダーを追加すれば、予定されているミーティングが表示されます。
⑩	連絡先を確認できます。		

□ メニューバーの各項目

ホーム

Zoomにサインインすると、基本的にホーム画面が表示されます。ホーム画面からミーティングを予約したり、ミーティングに参加したりと、さまざまな作業を開始できます。

メール

Zoomと「メール」を連携させている場合、メール画面が表示され、新しくメールを作成したり、返信したりできます。Zoomから直接メールにアクセスして、よりシームレスなコミュニケーションが可能です。

カレンダー

Zoomと「カレンダー」を連携させている場合、自分のカレンダーから、直接予定をチェックしたり、新たに追加したりすることができます。

チームチャット

連絡先を追加した相手と1対1でのメッセージのやり取りや、複数人によるグループチャットでのやり取りができます。ファイルや画像を送信し、通話をすることも可能です。

ミーティング

予定されているミーティングの日時や、レコーディングされたミーティングが表示されます。

連絡先

ユーザーやチャンネルが表示されます。ユーザーをメールアドレスで追加したり、URLを送信してミーティングに招待したりすることができます。

アプリ

数多くのアプリが表示され、目的のアプリを検索してインストールすることができます。また、Zoomアプリマーケットプレイス(P.11参照)からも用途に合ったアプリを追加して、使用可能です。

ホワイトボード

タイトルを付けてテキストを入力したり、ペンで書き込むこともできます。画像を貼り付けることも可能なため、ミーティング中にホワイトボード機能を用いれば、画面越しでも相手にわかりやすく伝えられます。

Zoomの利用を開始する

パソコンでZoomを利用するためには、Zoomのクライアントアプリをインストールする必要があります。Zoomアプリをインストールしておくことで、かんたんにミーティングに参加できるだけでなく、ミーティングを主催することも可能になります。

Zoomをインストールする

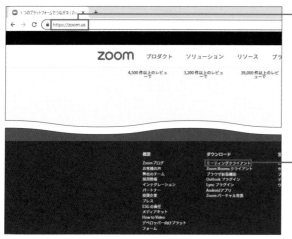

1 Webブラウザー（ここではChrome）でZoomの公式サイト（https://zoom.us/）にアクセスし、

2 画面下部の[ミーティングクライアント]をクリックします。

3 [ダウンロード]をクリックします。

④ ダウンロードが完了したら、🗗をクリックします。

⑤ インストールが開始されます。

⑥ しばらく待つと、Zoomのクライアントアプリが起動します。

SECTION
008 アカウントを作成する

アカウントを作成して、Zoomを利用しましょう。ミーティングに参加するだけであれば必要ありませんが、主催するにはアカウントを作成しておく必要があります。事前にメールアドレスを準備しておきましょう。

▫ アカウントを作成する

❶ Webブラウザー（ここでは Chrome）でZoomの公式サイト（https://zoom.us/）にアクセスし、

❷ [無料でサインアップ]をクリックします。

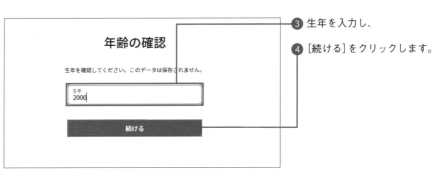

❸ 生年を入力し、

❹ [続ける]をクリックします。

❺ メールアドレスを入力し、

❻ [続ける]をクリックすると、Zoomからメールが届きます。

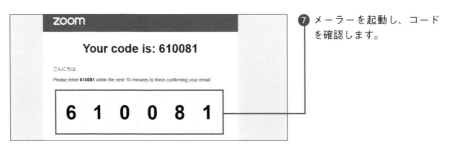

⑦ メーラーを起動し、コードを確認します。

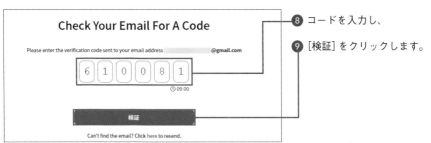

⑧ コードを入力し、

⑨ [検証] をクリックします。

⑩ 名前とパスワードを入力し、

⑪ [続ける] をクリックします。

⑫ アカウント登録が完了しました。公式サイトのマイアカウントからサインインできます。

SECTION 009

パソコン版アプリと
モバイルアプリの違いを知る

パソコンからではなく、スマートフォンなどからZoomを利用する場合は、Zoomモバイルアプリをインストールする必要があります。モバイルアプリでは、機種によって一部使えない機能があるため、覚えておきましょう。

□ パソコン版アプリ

パソコンからZoomミーティングを主催・参加すると、画面が大きいため、画面や資料を共有されたときに、非常に見やすいです。また、モバイルアプリでは機種によって不可能な機能である、ホワイトボード機能やバーチャル背景機能が難なく使えます。「ギャラリービュー」で、1画面に表示できる人数は、25人と49人から選べます。

□ モバイルアプリ

モバイルアプリからZoomミーティングを主催・参加すると、持ち運びがしやすく便利です。外出先でも、手軽にZoomを利用できます。また、インカメラとアウトカメラを切り替えられるため、瞬時に自分が参加者に見せたいものを映しながら、説明することが可能です。「ギャラリービュー」で、1画面に表示できるのは、4人〜6人までとなっています。

第 2 章

Zoomミーティングの技

Zoomミーティングとは

Zoomミーティングとは、パソコンやスマートフォンなどさまざまなデバイスを使って、場所を問わずに映像や音声、チャットなどで、1対1から最大1000人までの人々とコミュニケーションが取れる機能です。

□Zoomミーティングとは

Zoomでは、オンラインミーティングをすることができ、ビジネスシーンや学校でのオンライン授業、イベントなどで広く活用されています。場所を問わずパソコンのデスクトップ版やブラウザー版、スマートフォンやタブレットなどのアプリ版などといったデバイスから利用することができます。招待リンクをクリックしたりミーティングIDなどを主催者（ホスト）から教えてもらったりして参加します。ミーティング中は音声やチャットを使い、リアルタイムで会話を行うほか、画面を共有したりホワイトボードを使ったりして詳しい情報を全体に共有し合いながらミーティングを進行することが可能です。マイクがオフの状態でも、挙手や笑顔の絵文字などを表示して、自分の気持ちを相手に伝えられます。参加者のミーティング画面と主催者（ホスト）のミーティング画面は、構成が若干異なっており、主催者（ホスト）は、割り当てられている役割が多いため、自由にできることや選択肢が増えます。

●画面共有機能

自分のデバイス画面を全体に共有すれば、ミーティング中の会話は、よりスムーズになります。会話だけでは伝わりにくい説明も、画面の共有を行うことで、かんたんに認識を擦り合わせることができます。

●チャット機能

ミーティング中には、チャット画面を表示し、メッセージのやり取りができます。個別に質問を送信したり全体に連絡したりすることも可能です。また、ファイルなどの資料を共有することで、場所を問わず情報をすばやく確認でき便利です。

●誰でも参加可能

Zoomミーティングを主催するには、アカウントを取得する必要がありますが（P.26参照）ミーティングへの参加はインターネット環境と主催者（ホスト）からのミーティングURLやIDがあれば誰でも参加できます。

●ホワイトボード機能

ホワイトボード機能は、まるで紙のノートブックのように画面上でさまざまな機能が利用できます。コメントを書き込んだり付箋を付けたりしながら、参加者全員でアイデアを出し合うことが可能です。

□ ミーティング参加画面の構成

①	画面の表示を2種類から変更できます。上記はギャラリービューです（P.44参照）。	⑦	主催者（ホスト）が許可していれば、画面の共有を行うことができます。
②	ミーティング参加者の画面が表示されます。表示方法によって構成が異なります。	⑧	主催者（ホスト）が許可していれば、ミーティングの録画ができます。
③	マイクのオン／オフを切り替えられます（P.39参照）。	⑨	12種類の言語から選択し、字幕を表示させることができます。
④	カメラのオン／オフを切り替えられます（P.38参照）。	⑩	リアクションを行うことができます（P.94参照）。
⑤	ミーティングに参加している人や人数を確認したり、ほかの人を招待したりできます。	⑪	新しいアプリを探したり連携済みのアプリを使用したりすることができます。
⑥	チャット画面が表示されます。個別または全員に向けてメッセージのやり取りができます（P.66参照）。	⑫	ホワイトボードが表示されます。
		⑬	ミーティングの途中でも、参加者が自分で退出することができます（P.47参照）。

─ COLUMN ─

ミーティングコントロールツールバーを常に表示する

通常、ミーティング画面下部のコントロールボタンは、画面を操作していないときは非表示になっています。常に表示させたい場合は、P.32手順❶を参考に「設定」画面を表示し、[ミーティングコントロールを常に表示] をクリックしてチェックを付けると、ミーティング中だけでなく画面共有時（P.68参照）にもツールバーが常に表示されるようになります。

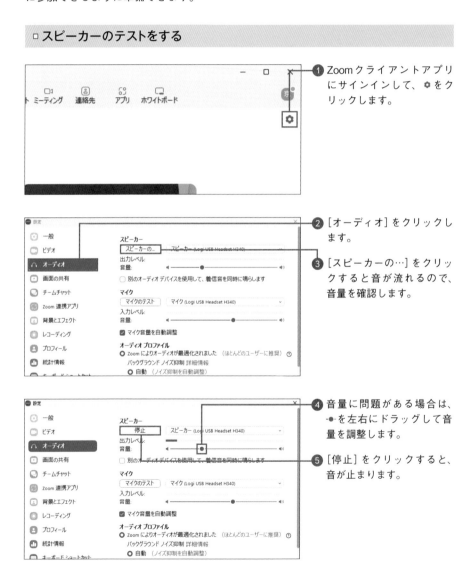

SECTION 011 スピーカーとマイクの テストをする

Zoomの利用を開始する前に、あらかじめスピーカーとマイクのテストをしておきましょう。マイクや音量に不備があった場合は、設定を変更して、いつでもミーティングに参加できるように準備できます。

□ スピーカーのテストをする

1. Zoomクライアントアプリにサインインして、⚙ をクリックします。

2. [オーディオ]をクリックします。

3. [スピーカーの…]をクリックすると音が流れるので、音量を確認します。

4. 音量に問題がある場合は、-●-を左右にドラッグして音量を調整します。

5. [停止]をクリックすると、音が止まります。

□ マイクのテストをする

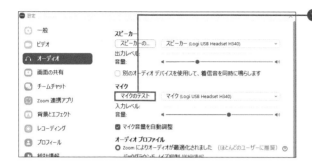

❶ P.32手順❸の画面で［マイクのテスト］をクリックします。

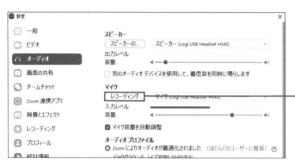

❷「レコーディング」と表示されるので、マイクに向かって話します。

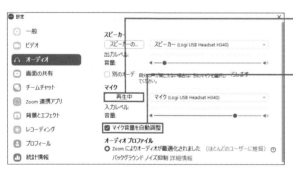

❸「再生中」と表示されるので、録音された自分の声を確認します。

❹ 音量に問題がある場合は、［マイク音量を自動調節］をクリックしてチェックを外します。

❺ -●-を左右にドラッグして音量を調整します。

SECTION
012

テストミーティングを行う

Zoom では、実際にミーティングに参加したり主催したりする前に、テストミーティングを行うことができます。本番と同じミーティング画面で映像や音声の最終確認を行うことが可能です。

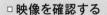
□ 映像を確認する

① Web ブラウザー（ここでは Chrome）で（https://zoom.us/test）にアクセスし、

② [参加] をクリックします。

③ [Zoom Meetings を開く] をクリックします。

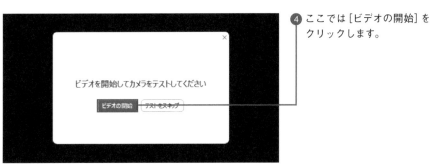

④ ここでは [ビデオの開始] をクリックします。

□ 音声を確認する

❶ 自分のカメラの映り具合を確認し、問題がなければ [はい] をクリックします。

❷ スピーカーのテストが始まります。着信音が聞こえたら [はい] をクリックします。

❸ マイクのテストが始まるので、同様にテストを行います。問題がなければ [はい] をクリックします。

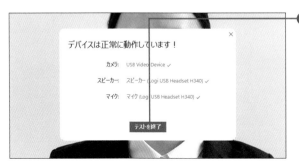

❹ [テストを終了] をクリックします。

013

ミーティングに参加する

ミーティングへの参加方法は複数ありますが、ここでは、Webブラウザーとデスクトップアプリからの参加方法を解説します。どちらもミーティングIDとパスコードが必要なので、用意しておきましょう。

□ Webブラウザーから参加する

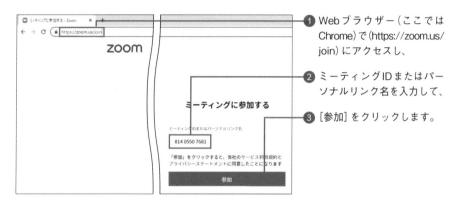

① Webブラウザー（ここではChrome）で（https://zoom.us/join）にアクセスし、

② ミーティングIDまたはパーソナルリンク名を入力して、

③ ［参加］をクリックします。

④ ［Zoom Meetingsを開く］をクリックします。

⑤ ［コンピュータ オーディオに参加する］をクリックして、ミーティングに参加します。

36

◻ デスクトップアプリから参加する

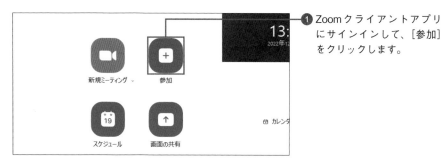

① Zoomクライアントアプリにサインインして、[参加]をクリックします。

② ミーティングIDまたはパーソナルリンク名を入力し、

③ [参加] をクリックします。

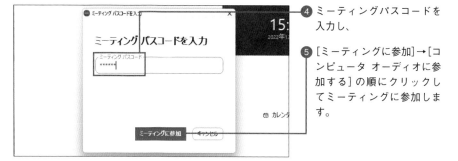

④ ミーティングパスコードを入力し、

⑤ [ミーティングに参加]→[コンピュータ オーディオに参加する]の順にクリックしてミーティングに参加します。

---- COLUMN ----

招待リンクから参加する

主催者（ホスト）からメールなどで送られてきた招待リンクからでも、ミーティングに参加できます。リンクをクリックすると、P.36手順④の画面が表示されるので、以降の手順を参考にミーティングに参加します。

カメラのオン／オフを切り替える

SECTION
014

Zoomミーティングの主催者 (ホスト) も参加者も個別にカメラのオン／オフを切り替えることができます。また、「設定」画面上でも設定できるため、事前にカメラをオフにしておけば、ミーティング参加時に自分が映ることはありません。

□ カメラのオン／オフを切り替える

❶ ミーティング画面で [ビデオの停止] をクリックします。

❷ カメラがオフになり、アイコン画面または名前に切り替わります。

COLUMN

ミーティング前に「設定」画面でオフに設定する

P.32手順❶を参考に「設定」画面を表示して、[ビデオ] をクリックし、[ミーティングに参加する際、ビデオをオフにする] をクリックしてチェックを付けると、ミーティング参加時にはビデオがオフに設定されます。

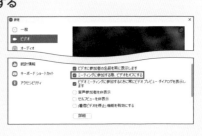

マイクのオン／オフを
切り替える

Zoomミーティングの主催者（ホスト）も参加者も個別にマイクのオン／オフを切り替えることができます。また、「設定」画面上では事前にマイクをミュートの状態に設定でき、ミーティング参加時に音が漏れる事態を防げます。

□ マイクのオン／オフを切り替える

❶ ミーティング画面で［ミュート］をクリックします。

❷ マイクがオフになります。

COLUMN

ミーティング前に「設定」画面でミュートに設定する

P.32手順❷の画面で［ミーティングの参加時にマイクをミュートに設定］をクリックしてチェックを付けると、ミーティング参加時にはマイクがオフに設定されます。

39

カメラを別のカメラに
切り替える

一般的なノートパソコンには内蔵カメラが搭載されていることが多いですが、Zoom
ミーティング中に不具合が発生した場合に備えて、あらかじめ外付けのカメラを用意し
ておくとよいでしょう。

□ ミーティング中にカメラを切り替える

❶ ミーティング画面で「ビデ
オの停止」の へ をクリック
します。

❷ 利用できるカメラが表示さ
れるので、切り替えたいカ
メラをクリックします。

❸ カメラが切り替わります。
チェックが付いているカメ
ラが現在設定されているカ
メラです。

> **MEMO** ミーティング前に
> **カメラを切り替える**
>
> P.32手順❷の画面で［ビデオ］
> をクリックし、「カメラ」の ･ をクリッ
> クすると接続されているカメラが一
> 覧で表示されるので、クリックして
> 切り替えます。

マイクを別のマイクに
切り替える

一般的なノートパソコンには内蔵マイクが搭載されていることが多いですが、Zoom
ミーティング中に不具合が発生した場合に備えて、あらかじめ外付けのマイクを用意し
ておくとよいでしょう。

▫ ミーティング中にマイクを切り替える

❶ ミーティング画面で「ミュー
ト」の へ をクリックします。

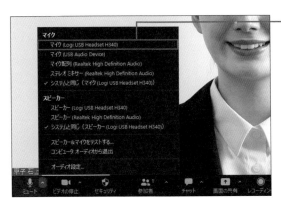

❷ 利用できるマイクが表示さ
れるので、切り替えたいマ
イクをクリックします。

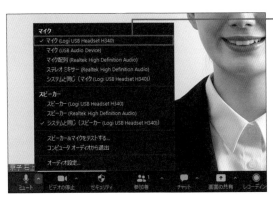

❸ マイクが切り替わります。
チェックが付いているマイ
クが現在設定されているマ
イクです。

> **MEMO**
> **ミーティング前に
> マイクを切り替える**
>
> P.32手順❷の画面で「マイク」
> の ‐ をクリックすると接続されてい
> るマイクが一覧で表示されるので、
> クリックして切り替えます。

41

バーチャル背景を設定する

バーチャル背景を設定すると、自分が映る映像の背景を指定の画像に変更することができます。ミーティングの前にあらかじめ設定しておくこともできるため、今いる場所を映したくない場合に役立つ機能です。

▫ミーティング前に変更する

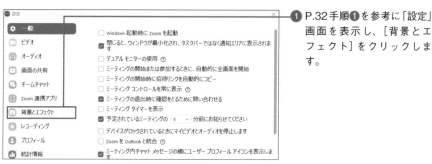

❶ P.32手順❶を参考に「設定」画面を表示し、[背景とエフェクト]をクリックします。

❷ 変更したい背景をクリックします。

❸ 背景が変更されます。

□ ミーティング中に変更する

① ミーティング画面で「ビデオの停止」の ^ をクリックします。

② [バーチャル背景を選択…] をクリックします。

③ 「設定」画面が表示されるので、変更したい背景をクリックします。

④ 背景が変更されます。

⑤ ×をクリックします。

⑥ ミーティング画面に戻ります。

SECTION 019

表示方法を変える

参加者が変更できるミーティング画面の表示方法は2種類あります。ギャラリービューは、画面全体に参加者の映像をタイルのように表示し、スピーカービューは、発言者のみを中央に大きく表示し、ほかの参加者を上部に小さく表示します。

□ ギャラリービューに変更する

❶ ミーティング画面で［表示］をクリックします。

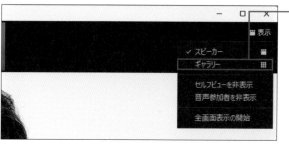

❷ ［ギャラリー］をクリックします。

❸ ギャラリービューに切り替わります。

□ スピーカービューに変更する

❶ ミーティング画面で [表示] をクリックします。

❷ [スピーカー] をクリックします。

❸ スピーカービューに切り替わります。

COLUMN

ビューの使い分け

ギャラリービューでは、1画面に最大49人の参加者を均等に表示することができます。そのため、話し合いが中心で、参加者全員の表情や反応を見て意見交換したいときなどに用いられます。スピーカービューでは、発言中の人が画面に大きく表示されます。プレゼンテーションや講演会など、発言者が決まっているシチュエーションでは、スピーカービューを使用するとよいでしょう。

ミーティングで発言する

ミーティング参加中に指名されたり、意見を言ったりするときには、ミュートを解除してからマイクやパソコンに向かって発言をしましょう。話している人は画面が大きく表示され、外枠が強調されます。

□ ミーティングで発言する

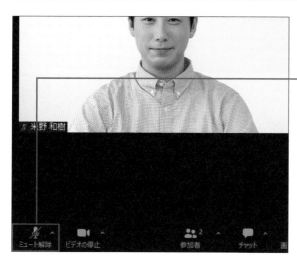

① ミーティング画面で「ミュート」と表示されているかを確認します。

② 表示されていない場合は、［ミュート解除］をクリックし、発言します。

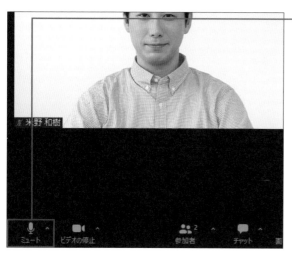

③ 発言が終わったら、［ミュート］をクリックし、マイクをオフにします。

SECTION 021 ミーティングから退出する

主催者（ホスト）がミーティングを終了すると、参加者は自動的にミーティングから退出しますが、途中でミーティングから退出したい場合や、通信環境が悪い場合は、自分で操作して退出することができます。

□ ミーティングから退出する

1 ミーティング画面で［退出］をクリックします。

2 ［ミーティングを退出］をクリックします。

COLUMN

主催者（ホスト）がミーティングを終了した場合

主催者（ホスト）がミーティングを終了させると、参加者の画面には「このミーティングはホストによって終了しました」と5秒間表示されます。［OK］をクリックしなくても、自動的に表示は削除されます。

ミーティングを主催する

Zoomのアカウントを取得したら、早速ミーティングを主催してみましょう。ミーティング画面は、参加者と表記や機能が一部異なります。それぞれ、できることを確認しておきましょう。

▫ ミーティングを主催する

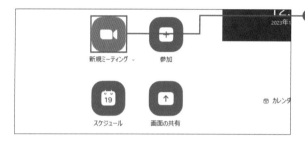

① Zoomクライアントアプリにサインインして、[新規ミーティング]をクリックします。

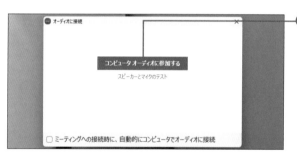

② [コンピュータ オーディオに参加する]をクリックします。

③ ミーティングが開始します。

□ ミーティング主催画面を確認する

①	「イマーシブ ビュー」が追加され、画面の表示を3種類から変更できます。上記はギャラリービューです。	⑦	チャット画面が表示されます。メッセージのやり取りだけでなく、参加者をミュートにすることができます。
②	ミーティング参加者の画面が表示されます。表示方法によって構成が異なります。	⑧	画面の共有を行うことができます。
		⑨	ミーティングの録画ができます。
③	マイクのオン／オフを切り替えられます。	⑩	12種類の言語から選択し字幕を表示させることができます。
④	ビデオのオン／オフを切り替えられます。	⑪	リアクションを行うことができます。
⑤	主催者（ホスト）と共同ホストの画面にのみ表示されます。参加者のアクティビティを許可したり停止したりできます。	⑫	新しいアプリを探したり連携済みのアプリを使用したりすることができます。
		⑬	ホワイトボードが表示されます。参加者への制限を設けることができます。
⑥	ミーティングに参加している人や人数を確認したり、ほかの人を招待したりできます。	⑭	ミーティングを終了させることができ、参加者を自動的に退出させます。

SECTION 023

ミーティングを予約する

ミーティングを予約すると、URLやパスコードが発行されるため、あらかじめ参加者にメールで送信しておくこともできます。ミーティング内容は、ミーティング当日になると、クライアントアプリ起動画面に表示されます。

□ ミーティングを予約する

① Zoomクライアントアプリにサインインして、[スケジュール]をクリックします。

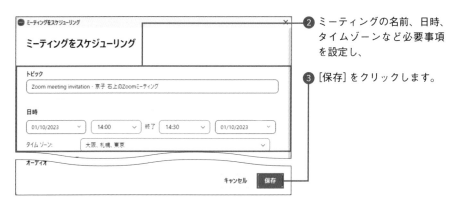

② ミーティングの名前、日時、タイムゾーンなど必要事項を設定し、

③ [保存]をクリックします。

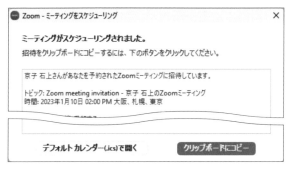

④ ミーティングが予約されます。

MEMO クリップボードにコピー

[クリップボードにコピー]をクリックすると、招待メッセージがコピーされるので、任意のメールサービスに貼り付けて送信することができます。

ロ スケジュールを変更する

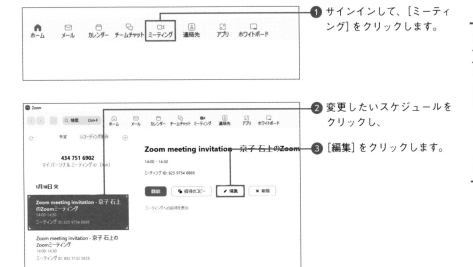

① サインインして、［ミーティング］をクリックします。

② 変更したいスケジュールをクリックし、

③ ［編集］をクリックします。

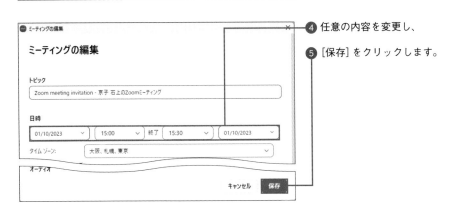

④ 任意の内容を変更し、

⑤ ［保存］をクリックします。

⑥ スケジュールが変更されます。

参加者を招待する

ミーティングに参加するには、ミーティングURLやIDなどが必要です。主催者(ホスト)は、参加者に対してメールやLINEなどを通して教える必要があります。必要事項はすべてコピーすることができるので、そのまま貼り付けられます。

□ URLから招待する

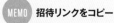

❶ ミーティング画面で「参加者」の∧をクリックします。

❷ [招待] をクリックします。

> **MEMO 招待リンクをコピー**
>
> [招待リンクをコピー] をクリックすると、ミーティングURLのみがコピーされるので、任意のメッセージサービスに貼り付けて送信することができます。

❸ [メール] をクリックし、

❹ 任意のメール(ここでは[Gmail])をクリックして選択します。

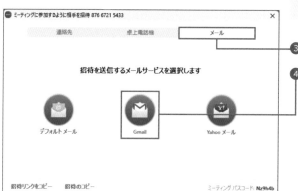

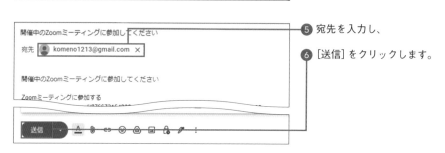

❺ 宛先を入力し、

❻ [送信] をクリックします。

▢ マイパーソナルミーティングIDから招待する

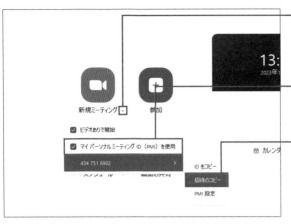

❶ Zoomクライアントアプリ
にサインインして、「新規
ミーティング」の∨をクリッ
クし、

❷［マイ パーソナル ミーティ
ング ID（PMI）を使用］をク
リックして、

❸ IDにポインターを合わせ［招
待のコピー］をクリックし
ます。

MEMO **IDをコピー**

［IDをコピー］をクリックすると、ミー
ティングIDのみがコピーされるの
で、任意のメッセージサービスに
貼り付けて送信することができま
す。

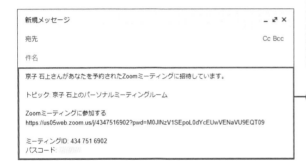

❹ 任意のメールサービス（こ
こでは「Gmail」）を起動して
本文に貼り付けます。

❺ 宛先と件名を入力し、

❻［送信］をクリックします。

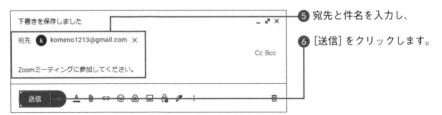

--- COLUMN ---

ミーティングIDの種類

ミーティングIDには、ミーティングルームごとにランダムに割り当てられる「インスタントミーティ
ングID」と個人が所有する固定の「マイパーソナルミーティングID」の2種類があります。「マイパー
ソナルミーティングID（PMI）を使用」のチェックの有無によって、どちらかのミーティングIDが発
行され、ミーティングを主催することができます。

SECTION

025

待機室にいる参加者の入室を
許可する

待機室を有効にすると、主催者（ホスト）が許可したユーザーだけがZoomミーティングに参加できるようになります。参加者が会議に参加する前に待機室に入室させ、個別に入室を許可したり、全員に許可したりできます。

□ 待機室の設定をする

❶ ミーティング画面で［セキュリティ］をクリックします。

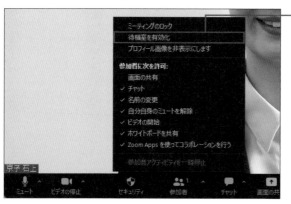

❷ ［待機室を有効化］をクリックします。

❸ 待機室が有効になります。

□ 待機室にいる参加者の入室を許可する

❶ ミーティング画面で［参加者］をクリックします。

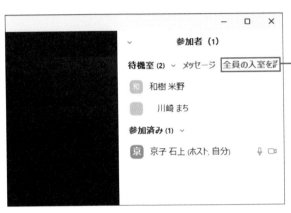

❷ 画面右側に現在待機室にいる参加者が一覧で表示されます。

❸ 「待機室」の［全員の入室を許可］をクリックします。

MEMO 個別に許可する

許可したい参加者にポインターを合わせ、［許可する］をクリックすると、特定のメンバーのみ入室を許可することができます。

❹ 待機室にいるメンバーがミーティングに参加します。

COLUMN

通知から入室を許可する

待機室を設定したあとに参加者を招待すると、参加者がミーティングに参加する際には「○○が待機室に入室しました」と表示されます。［許可］をクリックすると、手順❹の画面が表示されます。

SECTION
026

待機室にいる参加者の名前を変更する

主催者（ホスト）は、待機室にいる参加者の名前を変更することができます。デフォルトでは、参加者の名前がミーティング画面に表示されるため、全員にわかりやすいように設定でき、便利です。なお、参加者に許可をしてもらう必要があります。

□ 名前の変更を有効にする

① P.26手順①を参考にWebブラウザー（ここではChrome）で（https://zoom.us/）にアクセスし、

② ［マイアカウント］をクリックします。

③ 自分のアカウント画面が表示されるので［設定］をクリックし、

④ ［ミーティング内（基本）］をクリックします。

⑤ 「待機室にいる参加者の名前を変更することをホストまたは共同ホストに許可する」の◯をクリックしてオンにします。

□ 参加者の名前を変更する

❶ ミーティング画面で[参加者]をクリックします。

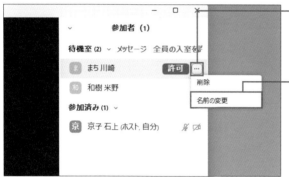

❷「待機室」にいる名前を変更したいメンバーにポインターを合わせ、⋯をクリックし、

❸ [名前の変更]をクリックします。

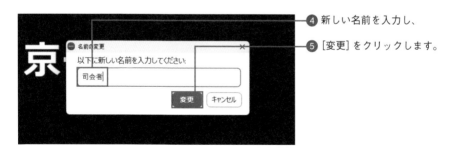

❹ 新しい名前を入力し、

❺ [変更]をクリックします。

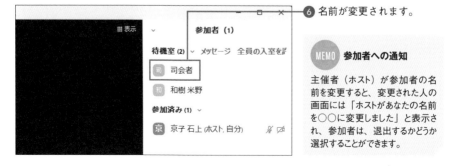

❻ 名前が変更されます。

MEMO 参加者への通知

主催者（ホスト）が参加者の名前を変更すると、変更された人の画面には「ホストがあなたの名前を○○に変更しました」と表示され、参加者は、退出するかどうか選択することができます。

SECTION
027

ミーティング中に参加者の入室を許可する

ミーティング中でも、招待した参加者の入室を許可することができます。また、ミーティングをロックすることで、ミーティングのURLやIDを持っている人であっても、あとからの入室ができなくなり、一度退出してしまうと再入室ができなくなります。

□ 参加者の入室を許可する

❶ ミーティングを開始した画面はこのようになっています。

❷ 招待した参加者が待機室に入室すると、画面上部に「○○が待機室に入室しました」と表示されます。

❸ [許可]をクリックします。

❹ 許可した人がZoom画面に表示されます。

□ ミーティングをロックする

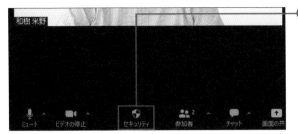

① ミーティング画面で［セキュリティ］をクリックします。

② ［ミーティングのロック］をクリックします。

③ ミーティングがロックされます。

COLUMN

ミーティングのロックを解除する

手順②の画面で再度［ミーティングのロック］をクリックすると、ミーティングのロックが解除されます。また、ロックされた状態でP.52手順①〜②を参考に参加者を招待しようとすると、「ミーティングはホストによってロックされました」と表示されるので、［ミーティングのロック解除］をクリックすると、ロックが解除され、招待が可能になります。

SECTION 028

バーチャル背景を変更する

バーチャル背景は、背景をカスタマイズして余計なものを映さないようにすることができる機能です。さらに、自分が持っている素材やWebからダウンロードしたものなどを追加して、お気に入りの背景に変更することが可能です。

□ バーチャル背景を変更する／削除する

❶ P.42手順❷の画面を表示し、変更したい背景をクリックします。

❷ 背景が変更されます。

❸ もとに戻したい場合は、[None]をクリックします。

MEMO 背景をぼかす

[ぼかし]をクリックすると、背景画面は変更されませんが、ぼかしが入ります。シンプルな機能です。

❹ バーチャル背景が削除されます。

□ バーチャル背景を追加する

① P.42手順②の画面を表示し、

② P.60を参考に任意のバーチャル背景をクリックして変更します。

③ 自分で持っている画像を追加したい場合は⊕をクリックし、

④ [画像を追加]をクリックします。

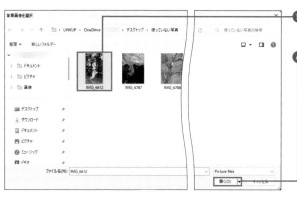

⑤ アップロードしたい画像をクリックし、

⑥ [開く]をクリックします。

⑦ 画像が追加され、背景に設定できるようになります。

SECTION 029

参加者のマイクをミュートに切り替える

ミーティングの主催者（ホスト）には、さまざまな権限が与えられていますが、その1つとして参加者のマイクをミュートにすることができます。しかし、ミュートしたマイクを再度オンにすることはできないため、その場合は参加者に依頼しましょう。

□ 全員のメンバーのマイクをミュートにする

① ミーティング画面で［参加者］をクリックします。

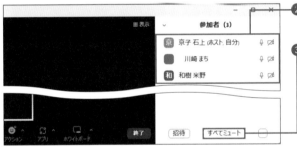

② 画面右側に参加者が一覧で表示されます。

③ ［すべてミュート］をクリックします。

④ ［はい］をクリックすると、主催者（ホスト）以外の人は全員ミュート状態になります。

COLUMN

全員にミュートの解除を求める

メンバー全員にミュートの解除を依頼したい場合は、手順③の画面で□→［全員にミュートを解除するように依頼］の順にクリックします。メンバーに通知が届きミュートを解除するよう促すことができます。

□ 特定のメンバーのマイクをミュートにする

① P.62手順❶を参考に参加者を一覧で表示します。

② ミュートにしたいメンバーにポインターを合わせ、[ミュート]をクリックします。

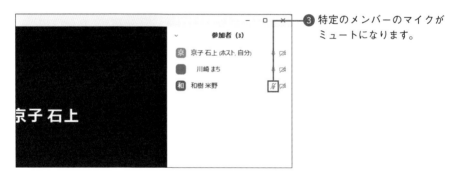

③ 特定のメンバーのマイクがミュートになります。

COLUMN

個別にミュートの解除を求める

特定のメンバーにミュートの解除を依頼したい場合は、手順❷の画面で[ミュートの解除を求める]をクリックします。メンバーに通知が届きミュートを解除するよう促すことができます。

ミーティングを録画する

SECTION
030

ミーティングは録画・録音することができますが、無料プランではローカル保存のみが行え、クラウド上への保存は有料プランのみとなっています。また、参加者は、主催者（ホスト）が許可をしないと録画することができません。

□ ミーティングを録画する

① ミーティング画面で[レコーディング]をクリックします。

> **MEMO 参加者への通知**
>
> 録画が始まると、参加者の画面には「このミーティングは、ホストまたは1人の参加者によってレコーディングされます」と表示され、[ミーティングを退出]または[了解]を選択することができます。

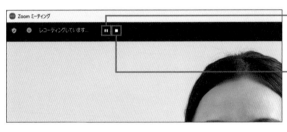

② レコーディングが始まります。 ⏸ をクリックするとレコーディングが一時停止し、

③ ⏹ をクリックするとレコーディングが停止します。

④ ミーティングを終了すると、自動的に録画ファイルが保存されます。

> **MEMO 保存先**
>
> P.65手順②の画面で、「レコーディングの保存場所」に表示されているフォルダーに保存されます。変更することもできます。

SECTION 031

ミーティングを録音する

Zoomには、各話者の声を個別で録音する機能があります。使用すると、ミーティング参加者の発言を別々で録音することができます。録音したファイルは、録画したファイルと同じ場所に保存されます。

▫ミーティングを個別に録音する

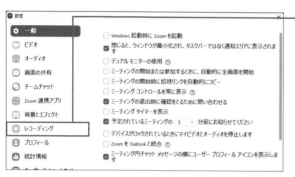

❶ P.32手順❶を参考に「設定」画面を表示し、[レコーディング] をクリックします。

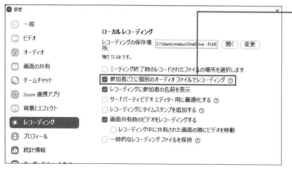

❷ 「参加者ごとに個別のオーディオ ファイルでレコーディング」をクリックしてチェックを付けます。

❸ 録音ファイルは、録画ファイルと同じフォルダーに保存されます。

チャットで発言する

チャットを使用することで、ミーティングはより円滑に進行します。参加者全員に向けてメッセージを発信するだけでなく、ダイレクトメッセージとして個別に送ることもできます。

□ 全員にメッセージを送る

❶ ミーティング画面で［チャット］をクリックします。

❷ ［全員］をクリックし、

❸ ［ミーティング中の全員］をクリックします。

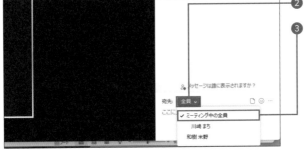

❹ メッセージを入力し、Enter を押します。

⑤ メッセージが送信されます。

□ 個人にメッセージを送る

❶ P.66手順❷の画面で[全員]
をクリックし、

❷ メッセージを送信する相手
を選択してクリックします。

❸ メッセージを入力し、Enter
を押します。

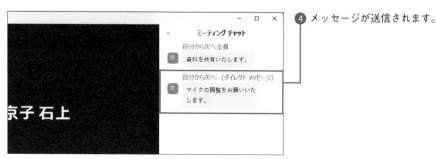

❹ メッセージが送信されます。

67

SECTION
033
パソコンの画面を共有する

プレゼンテーションを行うときや作成した資料などを見せるときは、パソコンの画面を共有すると便利です。実際に操作をしている画面をリアルタイムで参加者全員に見せられるため、効率的に説明できます。

□ 主催者（ホスト）のパソコンの画面を共有する

❶ ミーティング画面で［画面の共有］をクリックします。

❷ アプリやデスクトップの一覧が表示されるので、共有したい画面をクリックし、

❸ ［共有］をクリックします。

MEMO　共有する前に確認

共有したいアプリまたは資料などは、あらかじめ起動させておく必要があります。起動していない場合は、手順❷の画面に表示されません。

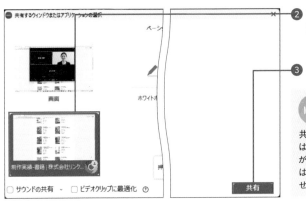

❹ 画面が共有されます。この画面での操作は、参加者の画面上でも見ることができます。

❺ ［共有の停止］をクリックすると、共有が停止します。

▫ 参加者のパソコンの画面の共有を許可する

❶ ミーティング画面で［セキュリティ］をクリックします。

❷ 「画面の共有」をクリックすると、参加者も画面の共有をすることができます。

❸ 参加者が画面の共有をした場合は、「○○の画面を表示しています」と表示されます。

MEMO 画面に書き込む

［ビューオプション］→［注釈］の順にクリックすると、ツールが表示され画面に書き込むことができます。

— COLUMN —

共有画面に書き込む

共有画面では、コメントを付けることができます。共有する側の場合は、P.68手順❹の画面で［注釈］をクリックすると、ツールが表示されます。

034

ファイルを共有する

チャット機能を使うことで、必要な資料を個別にまたは全員に共有することができます。サポートされているファイルの容量は、512MBまでです。なお、iPhoneやAndroidスマートフォンからはファイルを送信できないため、画面共有機能で代用しましょう。

□ チャットボックスからファイルを送る

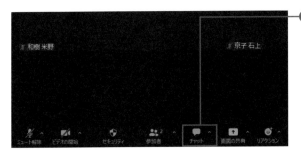

① ミーティング画面で［チャット］をクリックします。

② 🗋 をクリックし、

③ 任意の場所（ここでは［コンピュータ]）をクリックします。

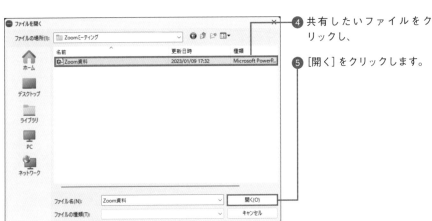

④ 共有したいファイルをクリックし、

⑤ ［開く］をクリックします。

70

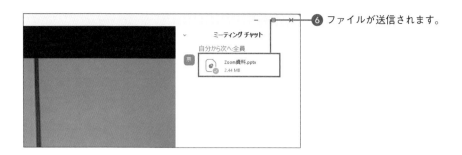

⑥ ファイルが送信されます。

□ ファイルをダウンロードする

① 相手からファイルを受け取ったら、ダウンロードしたいファイルをクリックします。

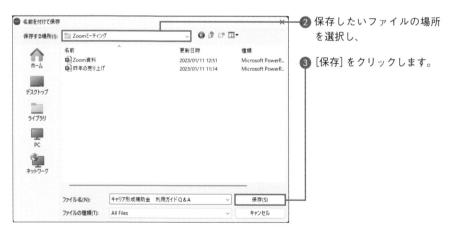

② 保存したいファイルの場所を選択し、

③ [保存]をクリックします。

COLUMN

個別にファイルを共有する

特定の相手にファイルを送信したい場合は、P.67手順❶〜❷を参考に相手を選択し、その後はP.70手順❷以降の操作をします。

参加者の画面のオン／オフを切り替える

ミーティングの主催者（ホスト）は、参加者の画面をいつでもオフにすることができます。相手の意思と関係なく、主催者（ホスト）で操作できます。しかし、オンにすることはできないので、参加者に依頼することでオンにしてもらいましょう。

◻ 参加者の画面のオン／オフを切り替える

❶ ミーティング画面で、オフにしたい参加者の画面にポインターを合わせ、⋯ をクリックし、

❷ ［ビデオの停止］をクリックします。

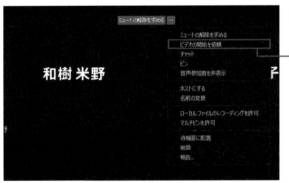

❸ 参加者の画面がオフになります。

❹ 再度オンにしたい場合は、手順❷の画面で［ビデオの開始を依頼］をクリックします。

❺ 参加者に通知が届き、「ホストがあなたにビデオの開始を依頼しています」と表示されるので、［マイビデオを開始］または［あとで］をクリックします。

参加者の音声のオン／オフを切り替える

ミーティングの主催者（ホスト）は、参加者の音声をいつでもオフにすることができます。相手の意思と関係なく、主催者（ホスト）で操作できます。しかし、オフからオンにすることはできないので、参加者に依頼することでオンにしてもらいましょう。

□ **参加者の音声のオン／オフを切り替える**

① ミーティング画面で、音声をオフにしたい参加者の画面にポインターを合わせ、[ミュート]をクリックします。

② 参加者の音声がオフになります。

③ 再度オンにしたい場合は、手順**①**の画面で[ミュートの解除を求める]をクリックします。

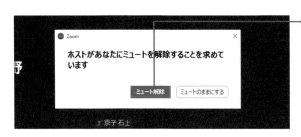

④ 参加者に通知が届き、「ホストがあなたにミュートを解除することを求めています」と表示されるので、[ミュート解除]または[ミュートのままにする]をクリックします。

第2章 Zoomミーティングの技

ブレイクアウトルームを使う

ブレイクアウトルームとは、参加者をいくつかのグループに分けて別々のルームに移動させ、ディスカッションを行うことができる機能です。大人数が参加するミーティングでは、効果的です。

□ ブレイクアウトルームを有効にする

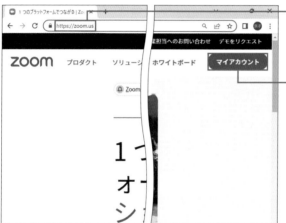

1 P.26手順1を参考に Web ブラウザー（ここでは Chrome）で（https://zoom.us/）にアクセスし、

2 [マイアカウント]をクリックします。

> **MEMO** 「マイアカウント」が表示されない場合
>
> Zoom公式アカウントにアクセスしたあとに、「マイアカウント」が表示されない場合は、サインインすることで、自分のアカウント画面が表示されます。

3 自分のアカウント画面が表示されるので[設定]をクリックし、

4 [ミーティング内（詳細）]をクリックします。

5 「ブレイクアウト ルーム - ミーティング」の◯をクリックしてオンにします。

74

❑ ブレイクアウトルームを開始する

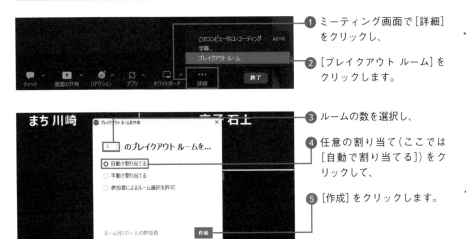

① ミーティング画面で[詳細]をクリックし、

② [ブレイクアウト ルーム]をクリックします。

③ ルームの数を選択し、

④ 任意の割り当て（ここでは[自動で割り当てる]）をクリックして、

⑤ [作成]をクリックします。

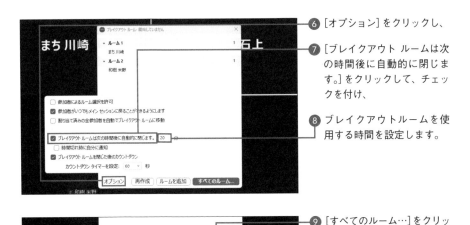

⑥ [オプション]をクリックし、

⑦ [ブレイクアウト ルームは次の時間後に自動的に閉じます。]をクリックして、チェックを付け、

⑧ ブレイクアウトルームを使用する時間を設定します。

⑨ [すべてのルーム…]をクリックすると、ブレイクアウトルームが開始されます。

── COLUMN ──

主催者(ホスト)がブレイクアウトルームに参加する

ブレイクアウトルームを開始したあとに、参加したいルームの[参加]→[はい]の順にクリックすることで、主催者(ホスト)もルームに参加することができます。

ホワイトボード機能を使う

白い画面に文字や画像を書き込んだり編集したりできる機能がホワイトボードです。ミーティング画面から独立していて、ミーティング中でなくても利用することができます。なお、iPhoneでは閲覧・表示することはできますが、編集することはできません。

□ ホワイトボードを共有する

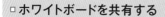

❶ ミーティング画面で[ホワイトボード]をクリックします。

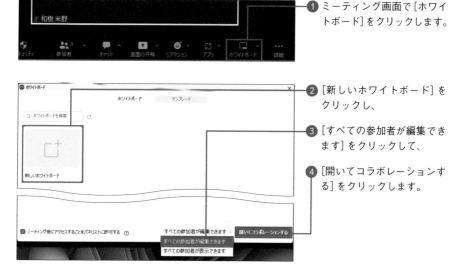

❷ [新しいホワイトボード]をクリックし、

❸ [すべての参加者が編集できます]をクリックして、

❹ [開いてコラボレーションする]をクリックします。

❺ ホワイトボードが共有されます。

6 画面左側のメニューから
ツールを選び、文字を書き
込んだり、付箋を付けたり
することができます。

7 画面上部の[ホワイトボード
を閉じる]をクリックすると、
共有が終了します。

MEMO **ホワイトボードの
保存先**

共有を終了すると、作成したホワ
イトボードは自動的に保存され、
手順2の画面から確認できます。

□ ホワイトボードのメニュー機能

①	内容を選択したり掴んで移動させたりすることができます。	⑥	付箋を挿入し、色や大きさを自由にを変更できます。
②	ペンで描画ができます。また、色や細さを選ぶことができます。	⑦	内容を選択して削除することができます。
		⑧	8種類から色を選択することができます。
③	図形を挿入し、色を選んだり図形内に文字を打ち込んだりすることができます。	⑨	操作内容を1つ前に戻すことができます。
④	回線や矢印を挿入することができます。また、色の選択が可能です。	⑩	操作内容を1つあとに進ませることができます。
⑤	テキストをキーボードで打ち込むことができます。	⑪	ページを追加できます。最大12ページ追加可能です。

特定の画面をピン留めする

ピン留めとは、特定の相手を画面に大きく表示することができる機能です。2人以上が参加しているミーティングに使用できます。最大9人までを相手に知られずピン留めできるので、相手を注目したいときに利用しましょう。

◻ 特定の画面をピン留めする

1 ミーティング画面で、ピン留めしたいメンバーの画面にポインターを合わせ、■■をクリックします。

2 [ピン] をクリックします。

MEMO 設定が反映される範囲

相手をピン留めした場合、画面上に設定が反映されるのは自分のデバイスのみです。

3 選択した相手の画面がピン留めされます。

4 [ピン削除] をクリックすると、ピン留めが解除されます。

スポットライト機能を使う

スポットライト機能とは、ミーティングの主催者（ホスト）や共同ホストが使用できる、特定の参加者を画面に大きく表示することができる機能です。3人以上が参加しているミーティングにのみ使用することができます。

□ スポットライト機能を使う

1 ミーティング画面で、スポットライトにしたいメンバーの画面にポインターを合わせ、… をクリックします。

2 ［全員のスポットライト］をクリックします。

MEMO　設定が反映される範囲

スポットライト機能を使用した場合、参加者全員の画面上に設定が反映されます。

3 選択した相手の画面がスポットライトビデオとして大きく映ります。

4 ［スポットライトを削除］をクリックすると、スポットライトが解除されます。

SECTION 041

リモートコントロール機能を
使う

リモートコントロール機能とは、ほかの人の画面を遠隔操作できる機能です。なお、iPhoneやAndroidスマートフォンでは、遠隔操作を行うことも受けることもできないので注意しましょう。また、画面共有時と同様に、画面上に書き込むことができます。

□ リモートコントロールを有効化する

① P.26手順①を参考にWebブ ラウザー（ここではChrome）で（https://zoom.us/）にアクセスし、

② ［マイアカウント］をクリックします。

③ 自分のアカウント画面が表示されるので［設定］をクリックし、

④ ［ミーティング内（基本）］をクリックします。

⑤ 「リモートコントロール」の⬤をクリックしてオンにします。

□リモートコントロールを要求する

❶ リモートコントロールをリクエストする場合は、P.68手順❶～❸を参考に、まず相手側に画面を共有してもらいます。

MEMO **参加者の画面を共有する場合**

参加者が画面を共有する場合は、主催者（ホスト）の許可が必要です。詳しくは、P.69を参照してください。

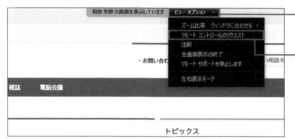

❷ 画面上部の［ビュー オプション］をクリックし、

❸ ［リモート コントロールのリクエスト］をクリックします。

❹ ［リクエスト］をクリックします。

❺ 相手がリクエストを承認した場合、「○○の画面をコントロールできます」と表示され、相手の画面を操作できます。

リモートコントロールの権限を
付与する

権限を付与されたユーザーは、リクエスト不要で相手のパソコン画面を操作することができます。なお、遠隔操作の実施はパソコン／iPadともに可能ですが、遠隔操作を受けることができるのはパソコンのみとなっています。

□ 参加者がリモートコントロールの権限を付与する

❶ P.68手順❶～❸を参考に画面を共有し［リモートコントロール］をクリックします。

❷ 権限を付与したいユーザーをクリックします。

❸ 相手が自分の画面を操作できるようになります。

> **MEMO** 相手の制御を一時的に停止する
>
> 相手がリモートコントロールをしているときでも、自分でマウスを動かして操作することができます。その間は、「○○があなたの画面のコントロールを待機中」と表示されます。

バーチャル背景に PowerPointを設定する

Zoomでは、バーチャル背景をパワーポイントに設定し、資料と自分を同じ画面に表示させることができます。プレゼンテーションの場で身振り手振りを入れて説明する際に活用すれば、より参加者に伝わりやすくなります。

□ 画面を共有する

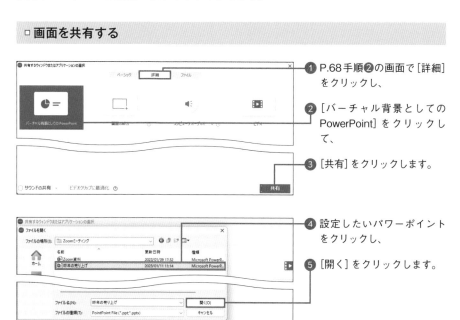

1 P.68手順2の画面で [詳細] をクリックし、

2 [バーチャル背景としての PowerPoint] をクリックして、

3 [共有] をクリックします。

4 設定したいパワーポイントをクリックし、

5 [開く] をクリックします。

6 パワーポイントがバーチャル背景になります。

SECTION
044

ミーティングを終了する

主催者 (ホスト) は、ミーティングを終了することで、全員をミーティングから退出させることもできますが、自分のみミーティングから退出することもできます。その場合は、次の主催者 (ホスト) が必要なので、参加者の中から1人割り当てて退出します。

□ ミーティングを終了する

1 ミーティング画面で [終了] をクリックします。

2 [全員に対してミーティングを終了] をクリックします。

--- COLUMN ---

主催者 (ホスト) のみミーティングを退出する

主催者 (ホスト) のみミーティングを退出し、ほかの人たちはミーティングを継続する場合は、手順**2**の画面で [ミーティングを退出] をクリックします。次の主催者 (ホスト) をメンバーから指定することで退出できます。

第3章

3

チャットの技

チャットとは

チャット機能とは、ミーティング画面で使用できるミーティング内チャットと、Zoom
クライアントアプリから使用できるチャット（4章参照）の2種類存在します。ここでは、
ミーティング内チャットを解説します。

□ チャットを使う

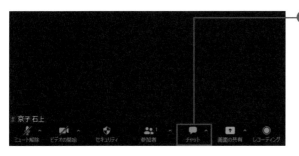

① ミーティング画面で［チャット］をクリックします。

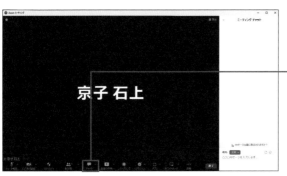

② ミーティング画面右側にチャット画面が表示されます。

③ 再度［チャット］をクリックすると、チャット画面が閉じます。

COLUMN

ツールバーに「チャット」がない場合

ミーティング画面下部にチャットが表示されていない場合は、Webブラウザーからチャットを有効にする必要があります。P.74手順❶〜❸を参考に「設定」画面を表示し、［ミーティング内（基本）］をクリックして「チャット」の◯◯をクリックし、オンにします。

□ チャット画面を確認する

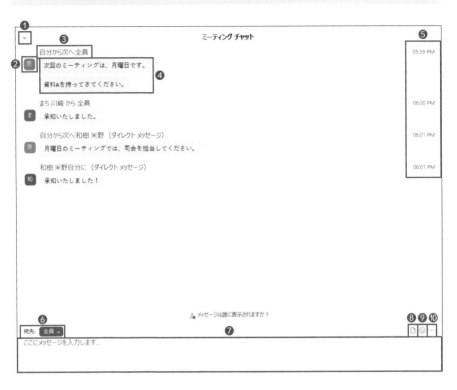

❶	画面を閉じたり、独立させたりすることができます（P.100 参照）。	❻	宛先を選択できます。主催者（ホスト）が制限をかけている場合は、参加者が送れる相手は限定されています。
❷	送り主のプロフィールアイコンが表示されます。	❼	メッセージを入力できます。
❸	誰が誰宛に送ったのか表示されます。	❽	ファイルを「OneDrive」や「Google Drive」などから選択して送信できます。
❹	メッセージや絵文字が吹き出し内に表示されます。	❾	絵文字を選択して送信できます。
❺	画面内にポインターを合わせると、送信された時間が表示されます。	❿	チャットを保存したり（P.96 ～ 97 参照）、主催者（ホスト）は参加者のチャット相手を制限したりできます（P.103 参照）。

— COLUMN —

チャットでは編集ができない

チャット機能には、編集機能がありません。そのため、宛先や内容を誤って送信してしまった場合は、修正できず削除するほかありません（P.93参照）。チャットを使用してメッセージを送る際には、内容を十分に確認してから送信しましょう。

メッセージを読む

Zoomミーティング中に、自分宛にほかの参加者からメッセージが届いた場合は、画面下部の「チャット」にメッセージの件数と通知が表示されます。クリックすることで、すぐにチャット画面が開き、確認できます。

□ メッセージを読む

① ミーティング画面でチャットを受信すると、「チャット」にプレビューが表示されます。

② [チャット]をクリックします。

③ チャット画面が表示され、メッセージを読むことができます。

COLUMN

チャットプレビューを非表示にする

手順①の画面のように、メッセージを受信したあと、プレビューが表示されないようにするには、「チャット」の■をクリックし、[チャット プレビューを表示]をクリックしてチェックを外します。

メッセージに返信する

ミーティング中にチャットが送られてきた場合は、メッセージを入力して相手に返信しましょう。また、チャット画面にポインターを合わせると、メッセージが送られてきた時間が表示されます。

□ メッセージに返信する

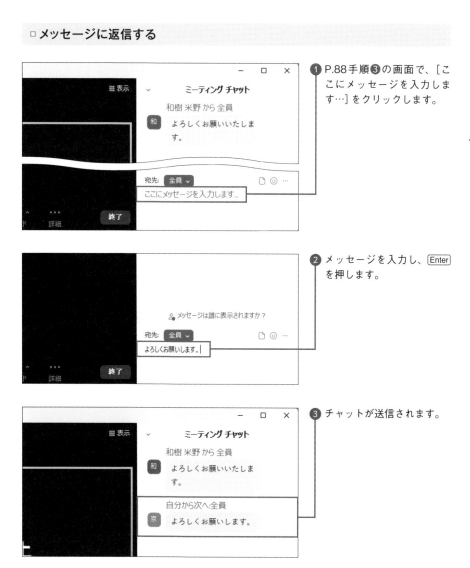

❶ P.88手順❸の画面で、[ここにメッセージを入力します…] をクリックします。

❷ メッセージを入力し、[Enter] を押します。

❸ チャットが送信されます。

スクリーンショットを使用する

ミーティング画面やチャット画面は、スクリーンショットを作成して保存することができます。ミーティング画面の一部を切り取ってチャットに添付したり、資料作りに使用したりすることができます。

□ スクリーンショット機能を有効にする

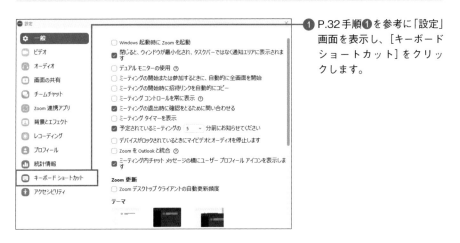

❶ P.32手順❶を参考に「設定」画面を表示し、[キーボードショートカット]をクリックします。

❷「チームチャット」欄にある「スクリーンショット」の□をクリックします。

❸ チェックが付き、スクリーンショットができるようになります。

□ スクリーンショットを保存する

❶ ミーティング画面で Alt ＋ Shift ＋ T を押します。

❷ 画面が停止するので、切り取りたい範囲をマウスでドラッグして選択します。

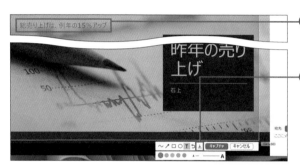

❸ メニューバーが表示されるので、任意で矢印やテキストを入力し、

❹ ⬇ をクリックします。

❺ 保存したいファイルの場所を選択し、

❻ ファイル名を入力して、

❼ [保存] をクリックします。

— COLUMN —

参加者のスクリーンショット機能を有効にする

P.74手順❶〜❸を参考にWebブラウザーで「設定」画面を表示し、[ミーティング内 (基本)] をクリックして「新しいミーティングチャット体験」の ⬤ をクリックしてオンにし、[ミーティングチャットでスクリーンショット機能を有効にする] をクリックしてチェックを付けると、参加者のチャット画面に ⬜ が表示され、スクリーンショットができるようになります。

メッセージに改行を入れる

チャットで入力するテキストは、ショートカットキーを利用して改行することができます。なお、iPhoneでは改行ができるようになりましたが、Androidスマートフォンで改行することは基本的にできません。

□ ショートカットキーで改行する

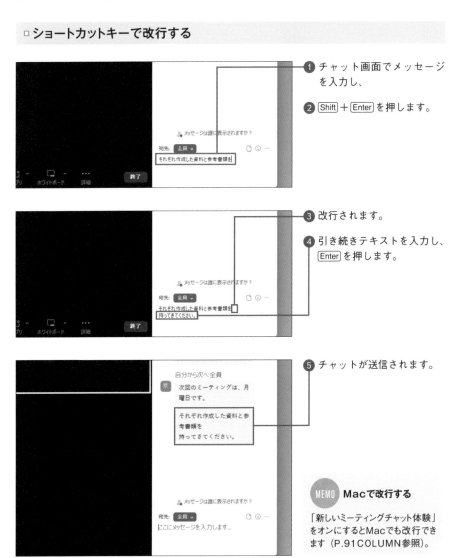

① チャット画面でメッセージを入力し、

② Shift + Enter を押します。

③ 改行されます。

④ 引き続きテキストを入力し、Enter を押します。

⑤ チャットが送信されます。

MEMO　Macで改行する

「新しいミーティングチャット体験」をオンにするとMacでも改行できます（P.91 COLUMN参照）。

SECTION
• • •
050

メッセージを削除する

チャットのメッセージは、送信後に削除することができます。しかし、自分と参加者の
メッセージを削除できるのは主催者(ホスト)のみで、参加者は主催者(ホスト)に許可
されている場合に、自分のメッセージのみ削除することができます。

▫ メッセージを削除する

① チャット画面で削除したい
メッセージにポインターを
合わせ、…をクリックしま
す。

② [削除]をクリックすると、
チャット画面から削除され
ます。

--- COLUMN ---

参加者にチャットの削除を許可する

P.74手順①〜③を参考にWebブラウザーで「設
定」画面を表示し、[ミーティング内(基本)]を
クリックして「新しいミーティング チャット体
験」の[ミーティング チャットでのメッセージ
を削除することを参加者に許可する]をクリッ
クし、チェックを付けます。

SECTION
051

リアクションを送る

リアクションをすることで、自分のマイクがオフの状態でも、自分の気持ちを相手に伝えることができます。意思表示アイコンと違って、一定の時間が経過すると、自動的に削除されます。

□ リアクションを送る

1 ミーティング画面で［リアクション］をクリックし、

2 任意のリアクション（ここでは🐶）をクリックします。

3 画面にアイコンが表示されます。

COLUMN

リアクションの種類

リアクションは6種類用意されています。■をクリックすれば、絵文字を表示でき、追加で送信することもできます。

意思表示をする

SECTION
052

ミーティング中でも、意思表示アイコンを使うことで、発言することなく対話を図れます。6種類のアイコンから選ぶことができ、選択すると、当人が削除するまで制限なく画面に表示されます。

□ 意思表示アイコンを使う

① ミーティング画面で［リアクション］をクリックし、

② 任意の意思表示アイコン（ここでは ☑）をクリックします。

③ 画面にアイコンが表示されます。

④ 画面下部のアイコンをクリックすると、削除されます。

─ COLUMN ─

意思表示アイコンを有効にする

P.74手順①～③を参考にWebブラウザーで「設定」画面を表示し、［ミーティング内（基本）］をクリックして「意思表示アイコン」の ⬤ をクリックし、オンにします。

意思表示アイコン

アイコン（はい、いいえ、もっと遅く、もっと速く、コーヒーカップ）をクリックしてミーティングの参加者が中断することなく対話できるようにします。これらのアイコンはツールバーの「リアクション」メニューにあり、選択すると、却下されるまで参加者のビデオと参加者リストに表示されます。

第
3
章
チャットの技

チャットを保存する

チャットに記録したミーティングの議事録や、メッセージのやり取りは、テキストファイルとして保存することができます。チャットの保存先は、ミーティングを録画したファイルと同じ場所です（P.64参照）。

☐ チャットを保存する機能を有効にする

❶ P.74手順❶〜❸を参考にWebブラウザーの「設定」画面を表示します。

❷ ［ミーティング内（基本）］をクリックし、

❸ 「チャット」の［ミーティングからチャットを保存することをユーザーに許可する］をクリックします。

❹ 保存できる任意のユーザー（ここでは［全員］）をクリックします。

手動で保存する

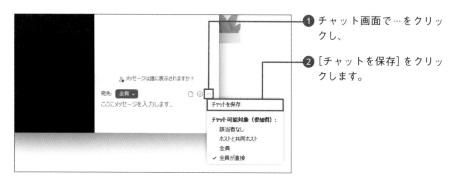

① チャット画面で…をクリックし、

② [チャットを保存] をクリックします。

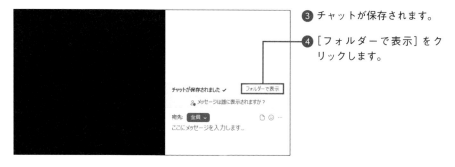

③ チャットが保存されます。

④ [フォルダーで表示] をクリックします。

⑤ 保存されたチャットを確認できます。

自動で保存する

① P.96手順②の画面で、「チャット自動保存」の◯をクリックしてオンにすると、ミーティング中のチャットが自動で保存されます。

SECTION
054

テキストの書式を設定する

「新しいミーティング チャット体験」をオンにすると、チャットで送信できるメッセージの書式を、変更することができます（P.91COLUMN参照）。文字を太くして強調したり、色やサイズを変更したりすることもできます。

□ テキストの書式を設定する

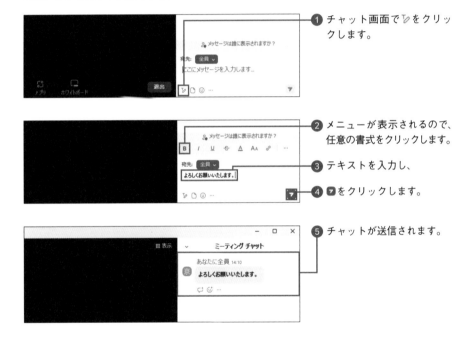

❶ チャット画面で ✐ をクリックします。

❷ メニューが表示されるので、任意の書式をクリックします。

❸ テキストを入力し、

❹ ⮞ をクリックします。

❺ チャットが送信されます。

COLUMN

番号を付けてリストにする

手順❷の画面で … → ［番号付きリスト］の順にクリックすると番号が入力されるので、テキストを入力します。[Enter] を押すと次の番号が表示され、メモを取る際に役立ちます。

チャットを引用する

引用機能を活用すれば、さらにチャットを使用する幅が広がります。自分やほかのメンバーのメッセージ全体を引用して送信するだけでなく、引用部分を選択することもできます。なお、「新しいミーティング チャット体験」をオンにする必要があります。

□ チャットを引用する

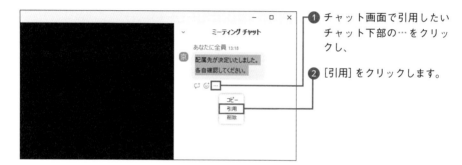

① チャット画面で引用したいチャット下部の … をクリックし、

② [引用] をクリックします。

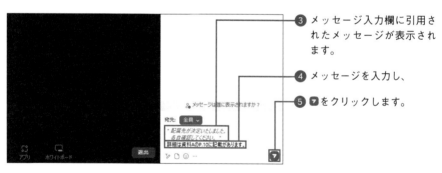

③ メッセージ入力欄に引用されたメッセージが表示されます。

④ メッセージを入力し、

⑤ ▶ をクリックします。

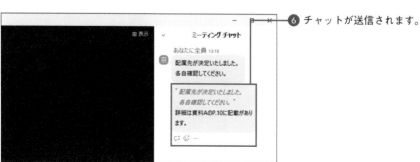

⑥ チャットが送信されます。

SECTION 056 チャット画面を独立させる

通常、チャット画面が表示されるのはミーティング画面の右側ですが、それぞれ独立させることができます。チャット画面が邪魔な場合は、別々のウィンドウに表示させましょう。

□ チャット画面を独立させる

1 ミーティング画面で[チャット]をクリックします。

2 ✓をクリックし、

3 [ポップアウト]をクリックします。

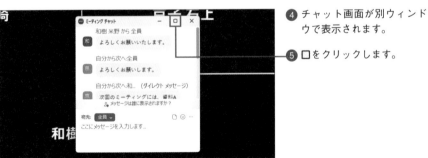

4 チャット画面が別ウィンドウで表示されます。

5 □をクリックします。

⑥ 大きさが変更し、全画面に
表示されます。

□ **画面をもとに戻す**

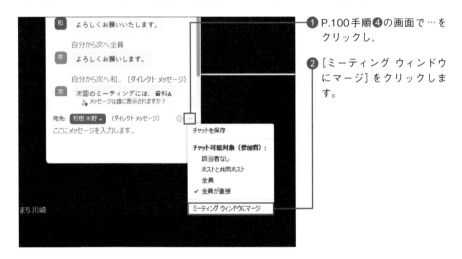

❶ P.100手順❹の画面で … を
クリックし、

❷ ［ミーティング ウィンドウ
にマージ］をクリックしま
す。

❸ 画面がもとの場所に戻りま
す。

チャット機能を無効にする

メッセージやファイルのやり取りが必要ない場合は、チャット機能を無効にするとよいでしょう。無効にすると、参加者は全員チャットでのやり取りをすることができなくなります。なお、無効にできるのは主催者（ホスト）の権限となっています。

▫ チャット機能を無効にする

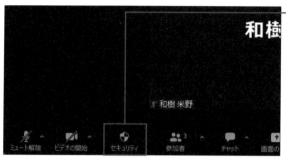

❶ ミーティング画面で［セキュリティ］をクリックします。

❷ ［チャット］をクリックします。

❸ チェックが外れ、参加者はチャットを使用できなくなります。

MEMO **参加者の画面**

チャットを無効にすると、「チャットが無効化済み」と表示され、メッセージを送信することはできません。

参加者のチャット機能を制限する

主催者（ホスト）は、チャット機能に制限をかけ、参加者にチャットのやり取りを許可したままで、送信先を限定することができます。制限することで悪用や荒らしの防止になります。また、主催者（ホスト）は誰にでもチャットを送信することが可能です。

□ 参加者のチャット機能を制限する

1 ミーティング画面で［チャット］をクリックします。

2 …をクリックし、

3 制限したい内容をクリックすると、参加者は指定した対象者のみとのチャットができるようになります。

COLUMN

制限対象の種類

チャット自体ができなくなる「該当者なし」、主催者（ホスト）と共同ホストにのみメッセージを送れる「ホストと共同ホスト」、全員に対してと主催者（ホスト）にのみメッセージを送れる「全員」、全員に対してと個別にメッセージを送れる「全員が直接」の4項目から選択可能です。

SECTION 059
待機室にいる参加者に
チャットを送る／参加者を削除する

待機室を設けてミーティングを主催した場合は、待機室で待機しているユーザーにも
チャットを送ったり、削除したりすることができます。これは主催者 (ホスト) のみの
権限となっているため、待機室にいる参加者は、使用できません。

⬚ 待機室にいる参加者にチャットを送る

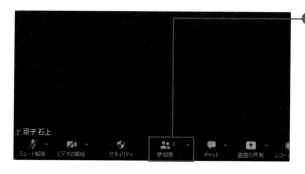

❶ ミーティング画面で [参加者] をクリックします。

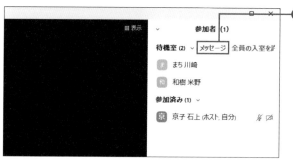

❷ 「待機室」にいるメンバーを確認し、[メッセージ] をクリックします。

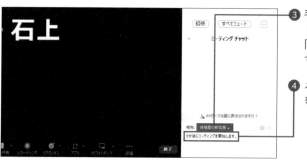

❸ 手順❷の画面下部にチャット画面が表示され、宛先が「待機室の参加者」になります。

❹ メッセージを入力し、[Enter] を押します。

⑤ チャットが送信されます。

□ 待機室にいる参加者を削除する

❶ P.104手順❷の画面で削除
したい参加者にポインター
を合わせ、⋯をクリックし
ます。

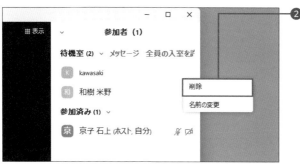

❷ [削除] をクリックします。

❸ [削除] をクリックすると、削
除された参加者はミーティン
グに再参加できなくなりま
す。

105

チャットの文字を大きくする

チャットの文字は、大きさを変更することができます。画面上で見づらい場合は、好みのサイズに変更しましょう。デフォルトでは100パーセントとなっていて、変更可能な範囲は80パーセントから200パーセントまでです。

大きさを設定する

❶ P.32手順❶を参考に「設定」画面を表示し、[アクセシビリティ]をクリックします。

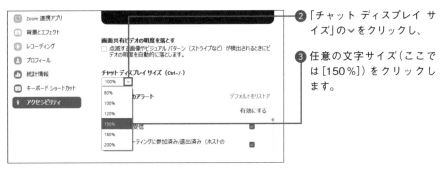

❷「チャット ディスプレイ サイズ」の∨をクリックし、

❸ 任意の文字サイズ（ここでは[150%]）をクリックします。

❹ チャットの文字の大きさが変更されます。

第4章

チャンネル機能の技

チャンネル機能とは

Zoomのチャンネルとは、アカウント内のユーザー同士がチャットで情報共有できるスペースのことです。それぞれのグループでインスタントミーティングを開始したり、ファイルを共有したりすることができます。

□ チャンネルでできること

　Zoomのチャンネル機能を利用すれば、トピックごとにチャンネルを作成し、各グループごとにチャットやファイル、画像の共有などが行えます。プライベートタイプのチャンネルを作成すると、招待された人のみが参加でき、非公開となります。招待可能なメンバーは、無料アカウントの場合は最大500人までで、有料アカウントの場合は最大5,000人までとなっています。パブリックタイプのチャンネルは、全体に公開されているため、誰でもチャンネルを検索・参加でき、最大10,000人のメンバーを集めることができます。クライアントアプリでチャンネルを作成すると、「チームチャット」タブにチャンネルが表示され、そこからチャットやミーティングを主催したり、URLや相手のメールアドレスなどからユーザーを招待、追加したりすることが可能です。外部のユーザーも同じグループに入れられるため、業務内外のコミュニケーションを活発化できます。

●ミーティング機能
作成した各チャンネルから、ビデオなし、またはビデオありでミーティングを開始することができます。ミーティングを開始するとき、グループのメンバー全員をミーティングに招待することができます。詳細は第2章を参照してください。

●チャット機能
各トピックごとにチャンネルを作成し、メンバーを招待できるので、グループ内だけでメッセージやファイルなどのやり取りができます。また、組織（P.162～163参照）に属していないユーザーを追加することもできるため、情報を共有する範囲が広がります。

● 2つのチャンネルタイプ
作成できるチャンネルタイプには、「パブリック」と「プライベート」の2種類があります。パブリックは組織（P.162～163参照）内の人なら誰でも参加・検索ができ、プライベートは検索しても表示されません。

●権限
チャンネルを作成したオーナーは、チャンネルへの新しいメンバーの追加を誰に許可するのか、誰にメッセージの追加を許可するのか、などを選択したり、チャンネルの新しい管理者を割り当てたりすることができます。

□ チャンネルの画面を確認する

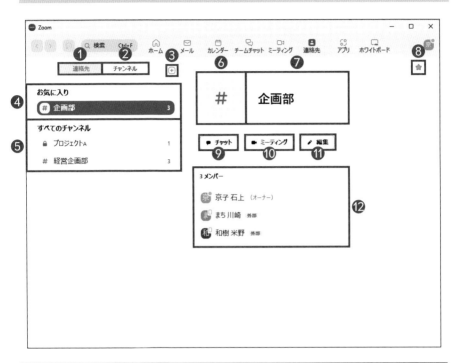

①	登録している連絡先がすべて表示されます。	⑦	チャンネルの名前が表示されます。
②	所属しているチャンネルがすべて表示されます。	⑧	スターを付けると、お気に入りに登録されます。
③	チャンネルを作成・参加したり連絡先をリクエストしたりすることができます。	⑨	チャンネルのチャット画面が表示されます。
④	スターを付けると、お気に入りに表示されます（P.126参照）。	⑩	チャンネルのメンバー全員でミーティングを開始できます。
⑤	所属しているすべてのチャンネルが一覧で表示されます。	⑪	チャンネルの名前やチャンネルタイプなどを編集できますが、オーナーではない場合は、表示されません。
⑥	プライベートチャンネルは鍵のアイコン、パブリックチャンネルはハッシュマークのアイコンです。	⑫	チャンネルに所属している人数とメンバーが表示されます。

COLUMN

ミーティング内チャットとZoomチャットの違い

Zoomには、チャットといわれる機能が2つあります。ミーティング内チャットはミーティング中に使用できる画面右側に表示されるチャットです（第3章参照）。Zoomチャットは、Zoomクライアントアプリに連絡先を登録した相手とグループを作成し、メッセージのやり取りができる場所です。

チャンネルを作成する

チャンネル機能を利用するには、まずチャンネルを作成する必要があります。プライベートグループとパブリックグループを選択することができ、トピックによって使い分けることができます。

□ プライベートグループを作成する

1 Zoomクライアントアプリにサインインして、[連絡先]をクリックします。

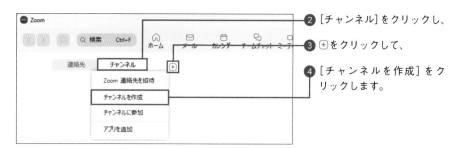

2 [チャンネル]をクリックし、

3 ⊕をクリックして、

4 [チャンネルを作成]をクリックします。

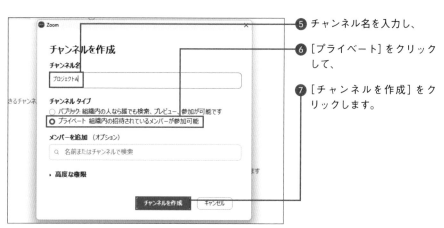

5 チャンネル名を入力し、

6 [プライベート]をクリックして、

7 [チャンネルを作成]をクリックします。

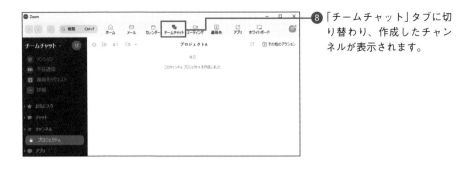

⑧「チームチャット」タブに切り替わり、作成したチャンネルが表示されます。

□ パブリックグループを作成する

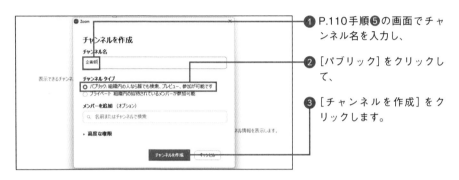

① P.110手順⑤の画面でチャンネル名を入力し、

②[パブリック]をクリックして、

③[チャンネルを作成]をクリックします。

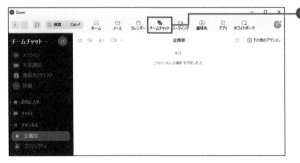

④「チームチャット」タブに切り替わり、作成したチャンネルが表示されます。

COLUMN

パーソナルスペース

Zoomクライアントアプリにサインインすると、「ミーティングチャット」タブの「お気に入り」には、あらかじめ自分だけのパーソナルスペースが用意されています。誰にも公開されない自分だけのチャットスペースなので、メモ代わりやファイルの保存などをするのに便利です。

グループを作成する

Zoomの有料アカウントでは、アカウント内に登録されているユーザーを任意のグループに分けることができます。グループ単位でミーティングをしたり、新たにチャンネルを作成したりして利用可能です。

▫ グループを作成する

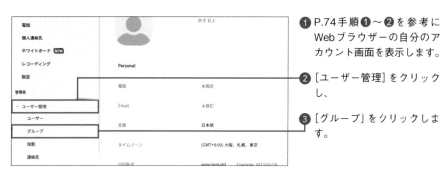

❶ P.74手順❶〜❷を参考にWebブラウザーの自分のアカウント画面を表示します。

❷ [ユーザー管理] をクリックし、

❸ [グループ] をクリックします。

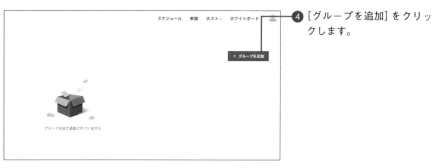

❹ [グループを追加] をクリックします。

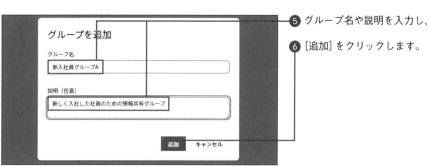

❺ グループ名や説明を入力し、

❻ [追加] をクリックします。

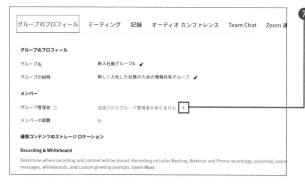

7 作成したグループのプロフィールが表示されるので、「グループ管理者」の＋をクリックします。

8 メールアドレスまたは名前を入力し、

9 表示される候補をクリックします。

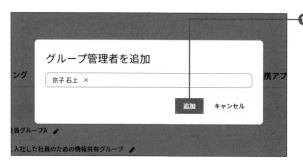

10 [追加] をクリックします。

11 グループの管理者が設定されます。

グループごとにチャンネルを作成する

Zoomで作成したユーザーグループは、各グループごとにチャンネルを作成し、チャットでメッセージやファイル、画像などを一斉に送信したり、ミーティングを主催したりできます。なお、Zoomの有料アカウントのみの機能となっています。

□ グループごとにチャンネルを作成する

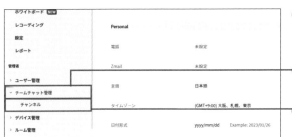

❶ P.74手順❶～❷を参考にWebブラウザーの自分のアカウント画面を表示します。

❷ [チームチャット管理]をクリックし、

❸ [チャンネル]をクリックします。

❹ [チャンネルを作成]をクリックします。

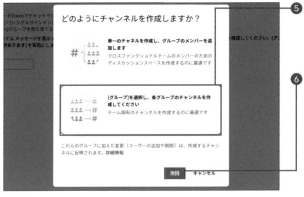

❺ [[グループ]を選択し、各グループのチャンネルを作成してください]をクリックし、

❻ [次回]をクリックします。

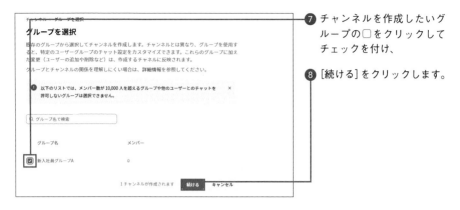

7 チャンネルを作成したいグループの□をクリックしてチェックを付け、

8 [続ける]をクリックします。

9 チャンネルの情報を設定し、

10 [完了]をクリックします。

MEMO グループの管理者

手順**9**の画面でグループのオーナーの記入は必須です。設定しないとチャンネルの作成はできません。

11 チャンネルが作成されます。

COLUMN

「ユーザーがクライアントを更新する必要があります」を有効にする

グループでチャンネルを作成するためには、Webブラウザーからクライアントの更新を有効にする必要があります。P.74手順**1**〜**2**を参考にWebブラウザーの自分のアカウント画面を表示し、[アカウント管理]→[アカウント設定]→[管理者オプション]の順にクリックして「ユーザーがクライアントを更新する必要があります」の○をクリックし、[有効にする]をクリックしてオンにします。

チャンネルにメンバーを追加する

チャンネルを作成するタイミングでメンバーを追加することもできますが、あとからメンバーを追加することもできます。追加できるメンバーは、無料アカウントのチャンネルの場合、最大10,000人までです。

□ チャンネルにメンバーを追加する

① Zoomクライアントアプリにサインインして、[チームチャット]をクリックします。

② [チャンネル]をクリックし、

③ メンバーを追加したいチャンネルをクリックします。

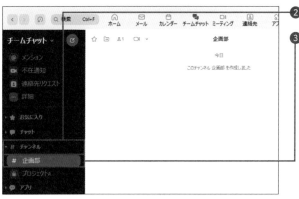

④ チャンネルにポインターを合わせ、**…**をクリックし、

⑤ [メンバーを追加]をクリックします。

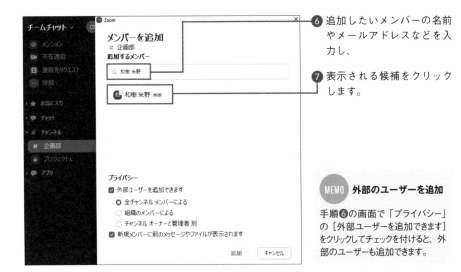

6 追加したいメンバーの名前やメールアドレスなどを入力し、

7 表示される候補をクリックします。

MEMO **外部のユーザーを追加**

手順**6**の画面で「プライバシー」の [外部ユーザーを追加できます] をクリックしてチェックを付けると、外部のユーザーも追加できます。

8 [追加] をクリックします。

9 メンバーが追加されます。

チャンネルメンバーに
メッセージを送る

チャンネルを作成すると、メンバーの間でかんたんにメッセージやファイル、画像など
を送り合うことができます。個別にメッセージを送信すると、相手にのみ通知が届きま
すが、全員が閲覧可能です。

□ 個人にメッセージを送る

①P.116手順②の画面で、メッ
セージを送りたいチャンネ
ルをクリックします。

②メッセージを送りたいメン
バーの💬をクリックし、

③メッセージを入力して、

④▼をクリックします。

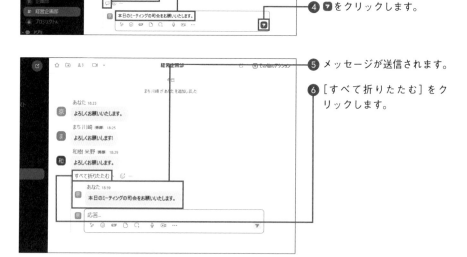

⑤メッセージが送信されます。

⑥[すべて折りたたむ]をク
リックします。

⑦ 応答が非表示になります。

□ 全員にメッセージを送る

① P.118手順**①**の画面で、[○ ○にメッセージを送信]を クリックします。

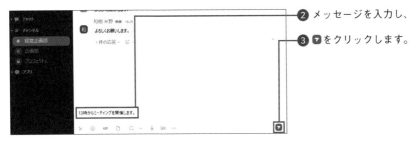

② メッセージを入力し、

③ **☑** をクリックします。

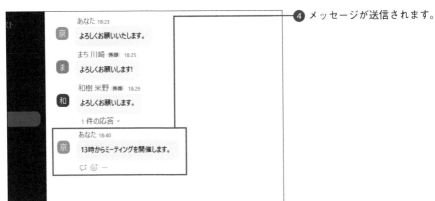

④ メッセージが送信されます。

119

チャンネルの名前を編集する

チャンネルを作成するときに決めたチャンネルの名前は、いつでも変更することができます。変更するとチャット画面に表示され、メンバー全員が確認可能です。変更できるのは、作成したオーナーのみです。

▫ チャンネルの名前を変更する

❶ P.116手順❷の画面で、名前を変更したいチャンネルをクリックします。

❷ チャンネルにポインターを合わせ、**...**をクリックし、

❸ ［チャンネルを編集］をクリックします。

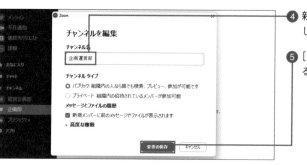

❹ 新しいチャンネル名を入力し、

❺ ［変更の保存］をクリックすると、名前が変更されます。

チャンネルの情報を編集する

チャンネルには、チャンネルについての情報を付け加えることができ、変更するとチャット画面に表示され、メンバー全員が確認可能です。なお、説明を追加できるのは、作成したオーナーのみです。

□ チャンネルの情報を編集する

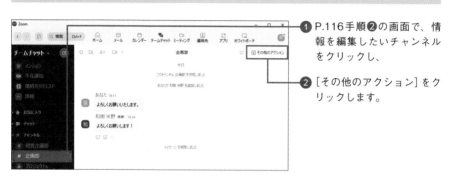

1 P.116手順2の画面で、情報を編集したいチャンネルをクリックし、

2 [その他のアクション] をクリックします。

3 [チャンネル情報を追加] をクリックします。

4 説明を入力し、

5 [保存] をクリックすると、情報が追加されます。

プライバシーを設定する

管理者としてチャンネルを所有している場合は、チャンネルに関するさまざまな権限を自由に設定することができます。管理することで、追加できるメンバーやチャットに投稿できるメンバーなどを制限することが可能です。

▫ プライバシーを設定する

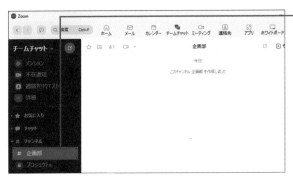

❶ P.116手順❷の画面で、プライバシーを設定したいチャンネルをクリックします。

❷ チャンネルにポインターを合わせ、┉をクリックし、

❸ [チャンネルを編集]をクリックします。

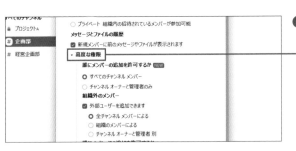

❹ チャンネル編集画面が表示されるので、[高度な権限]をクリックし、チャンネルのプライバシーを設定します。

◻ プライバシー設定項目

メッセージとファイルの履歴

新規メンバーに前のメッセージや ファイルが表示されます	チェックを付けてオンにすると、新たにメンバーを追加した際に過去の メッセージやファイルなどのやり取りが表示されます。

誰にメンバーの追加を許可するか

すべてのチャンネル メンバー	すべてのチャンネルメンバーが、チャンネルへの新しいメンバーを追加 できます。
チャンネル オーナーと管理者のみ	チャンネルオーナーと管理者のみが、チャンネルへの新しいメンバーを 追加できます。

組織外のメンバー

外部ユーザーを追加できます	チェックを付けてオンにすると、組織に所属していないユーザーをチャ ネルに追加できます。
全チャンネル メンバーによる	組織内外のメンバーが外部メンバーを追加できます。
組織のメンバーによる	組織内のメンバーのみが外部メンバーを追加できます。
チャンネル オーナーと管理者 別	チャンネル オーナーと管理者のみが外部メンバーを追加できます。

誰にメッセージの追加を許可するか

全員	すべてのチャンネル メンバーがチャンネルに投稿できます。
オーナーと管理者 のみ	オーナーと管理者のみがチャンネルに投稿できます。
オーナー、管理者、および特定の 人物	オーナー、管理者、および指定されたメンバーのみがチャンネルに投稿 できます。

SECTION
• • •
070

チャットの履歴を削除する

チャットの履歴を削除すると、「すべての過去のメッセージを消去しました」と表示され、メンバーとのやり取りはチャット画面からすべて削除されて、取り消すことはできません。なお、ほかのメンバーの履歴は残ります。

□ チャットの履歴を削除する

① P.116手順②の画面で、履歴を削除したいチャンネルをクリックします。

② チャンネルにポインターを合わせ、■■■をクリックし、

③ [チャット履歴を消去] をクリックします。

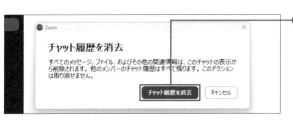

④ [チャット履歴を消去] をクリックします。

SECTION
071

新しいオーナーを割り当てる

自分が作成したチャンネルやミーティングから退出するときなどには、新しいオーナー
を割り当てる必要があります。新しい管理者を割り当てると、オーナーが持っている権
限がすべて指定のユーザーに割り振られます。

□ 新しいオーナーを割り当てる

❶ P.116手順❷の画面で、新しいオーナーを割り当てたいチャンネルをクリックします。

❷ チャンネルにポインターを合わせ、 ⋯ をクリックし、

❸ [新しいオーナーを割り当てる]をクリックします。

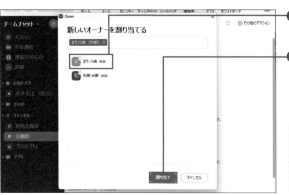

❹ 表示されている候補をクリックし、

❺ [割り当て]をクリックします。

> **MEMO 新しいオーナー**
>
> 割り当てられるオーナーは1人で、メンバーの中から選択できます。

チャンネルにスターを付ける

頻繁に利用するチャンネルは、お気に入りに登録しましょう。スターを付けることでお気に入りとして別のセクションに移動し、かんたんに表示させることができます。スターを外すと、もとに戻ります。

▫ チャンネルにスターを付ける

❶ P.116手順❷の画面で、スターを付けたいチャンネルをクリックし、

❷ ☆をクリックします。

❸ チャンネルが「お気に入り」セクションに移動します。

❹ もとに戻したい場合は、★をクリックします。

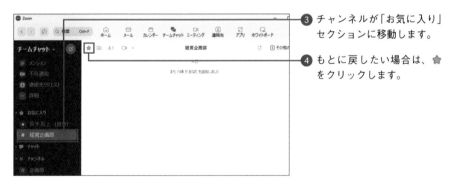

❺ もとの「チャンネル」セクションに戻ります。

チャンネルを退出する

参加しているチャンネルからは、いつでも退出できます。また、チャンネルのオーナーの場合は、退出する際にチャンネル自体を削除するか、ほかのメンバーを新しいオーナーに割り当ててチャンネルを保持するか選択する必要があります。

□ チャンネルを退出する

① P.116手順②の画面で、退出したいチャンネルをクリックします。

② チャンネルにポインターを合わせ、 をクリックし、

③ [チャンネルを退出]をクリックします。

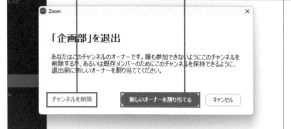

④ [新しいオーナーを割り当てる]または[チャンネルを削除]をクリックします。

> **MEMO** **オーナーではない場合**
>
> チャンネルのオーナーではない場合、手順③の画面で[チャンネルを退出]をクリックすると、退出できます。

SECTION 074

チャンネルを削除する

不要になったチャンネルは、削除しましょう。チャットの履歴やデータなどがすべて完全に削除され、復活させることはできません。保存したいファイルやリンク先などがある場合は、あらかじめ確認が必要です。

□ チャンネルを削除する

① P.116手順**②**の画面で、削除したいチャンネルをクリックします。

② チャンネルにポインターを合わせ、**∷**をクリックし、

③ [チャンネルを削除]をクリックします。

④ [チャンネルを削除]をクリックします。

メンバーを削除する

アカウントを作成したオーナーに限り、チャンネルのメンバーを削除することができます。削除されたメンバーはチャンネルへのアクセス権限を失い、メッセージのやり取りを行えなくなります。

□ メンバーを削除する

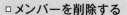

❶ P.116手順❷の画面で、メンバーを削除したいチャンネルをクリックし、

❷ [その他のアクション] をクリックします。

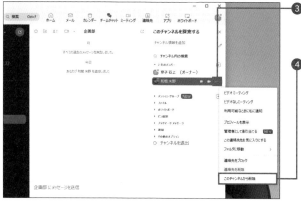

❸ 削除したいメンバーにポインターを合わせ、 をクリックし、

❹ [このチャンネルから削除] をクリックします。

❺ [削除] をクリックします。

外部のユーザーを
Zoomの連絡先に追加する

デフォルトでは、同じ Zoom アカウントに所属する組織の内部ユーザーが連絡先に含まれていますが、Zoomアカウントを持っているユーザーであれば、誰でも追加することができます。招待されたら、30日以内は「承諾」または「辞退」を選択可能です。

□ 連絡先リクエストを送信する

❶ P.116手順❷の画面で［連絡先］をクリックし、

❷ ⊕をクリックして、

❸ ［Zoom 連絡先を招待］をクリックします。

❹ 招待したいユーザーのメールアドレスを入力し、

❺ ［招待］をクリックします。

❻ ［OK］をクリックします。

❼ 招待したユーザーは、「連絡先リクエスト」セクションに表示されます。

SECTION 077

メンバーに直接
メッセージを送る

個別でチャットルームを作成し、1対1でメッセージのやり取りができるのも、チャンネル機能の特徴です。なお、直接チャットができるのは、連絡先に登録している相手のみとなります。

▫ メンバーに直接メッセージを送る

① P.116手順②の画面で、個別でメッセージを送りたいチャンネルをクリックし、

② [その他のアクション] をクリックします。

③ 直接チャットをしたいメンバーにポインターを合わせ、💬をクリックします。

④ 個別チャットが「チャット」セクションに表示されるので、個別にメッセージを送れます。

インスタントミーティングを主催する

チャンネルでは、ビデオなしかビデオありを選んでミーティングを主催することもできます。個別またはメンバー全員と即座にミーティングを主催し、シームレスにチャットとミーティングを行き来可能です。

□ インスタントミーティングを主催する

❶ P.116手順❷の画面で、ミーティングを主催したいチャンネルをクリックします。

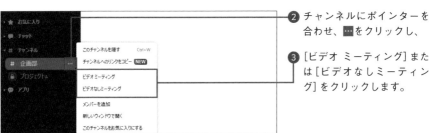

❷ チャンネルにポインターを合わせ、🔳をクリックし、

❸ [ビデオ ミーティング] または [ビデオなしミーティング] をクリックします。

❹ [はい] をクリックします。

第 5 章

外部ツール連携の技

アプリ連携について知る

Zoomでは、ほかのアプリと連携して、スケジュール管理やミーティング管理などをよりシームレスに行ったり、機能をまとめて一本化したりすることができます。アプリ連携は、一部を除き、無料プラン、有料プランユーザー関係なく利用することができます。

□ アプリ連携でできること

Zoom連携アプリとは、Zoomに統合されたサードパーティ製アプリのことです。「Zoomクライアントアプリ」や「Zoomアプリ マーケットプレイス」内などから必要なアプリを検索し、追加することができます。2023年4月現在、連携できるアプリは2,000点以上にのぼり、日々新たなアプリが更新されています。

アプリを連携していれば、ミーティング中に参加者と画面共有や資料共有を行う際、複数のアプリウィンドウを開く必要はなく、Zoomから直接目的のアプリにアクセスして操作できるため、より円滑で効率的な作業が可能となります。

連携できるアプリは、スケジュール管理やタスク管理、顧客管理といった業務管理ツールや管理者向けツールだけでなく、ゲームなどエンターテインメントを楽しめるものなど、多岐に渡ります。ただ、スマートフォンやタブレットといったデバイス用のモバイルアプリからは利用できないため、注意が必要です。

▲ Zoom 連携アプリ（https://explore.zoom.us/docs/jp-jp/zoom-apps.html）

□ Zoom連携アプリの種類

　Zoomと連携できるアプリは、多種多様です。Microsoftが提供するMicrosoft OneDriveやMicrosoft SharePointなどとも連携し、ほかのメンバーとファイルをリアルタイムで共有・編集することができます。

　また、TimeRexや調整アポといった日程調整アプリと連携し、社内またはチーム全員と共有することで、リアルタイムで複数人と都合のよい日時を把握しあうことができ、スケジュールを調節する手間が省けます。さらに、GoogleカレンダーやCalendlyなどのカレンダーアプリと連携すると、日程が決定した際に同時にZoomのミーティングIDやURLなどが発行され、設定しているカレンダーからミーティングに参加することも可能です。そのため、業務の効率化や生産性の向上を図れます。

　管理者向け、または業務効率化に特化したアプリを使うことで、スムーズで無駄のないミーティングと、充実したワークフローを実現できます。

連携できる主なアプリジャンル

分析用アプリ	教育用アプリ	調査・投票用アプリ	プロジェクト管理用アプリ
・Productiv ・IR Collaborate ・Worklytics Analytics Connector など…	・QuizFlight ・Kahoot! ・LTI Pro など…	・Polly ・Pigeonhole Live ・VPOLL by Vistacom など…	・Linkando ・Nifty ・Dive など…
組織や企業が生産性を上げるために、どのアプリケーションをどのように誰が使用しているのかをリアルタイムで確認することができます。アプリによってはトラブルが起きている人や問題を分析することも可能です。	Zoomミーティング中に行えて、ゲーム感覚で楽しめる学習アプリです。また、遠隔で学習をサポートしたり勉強会に参加できるリモートアプリもあります。	ライブで選択式の質問や評価投票などを作成し、交流を図れます。コメントを付けたりフィードバックを得たりできるため、一方的なミーティングにはならず、チーム全員の繋がりを促進させます。	チャットやタスク、ドキュメントなどを1カ所にまとめて管理し、ツール間の切り替えをなくしたり、チームでの目標を明確にしたりといったことができ、プロジェクト達成までのモチベーションアップを図ります。

— COLUMN —

連携したアプリを削除する

インストールしたアプリは、追加したアプリ一覧画面からいつでも削除できます。Webブラウザー（ここではChrome）でZoomアプリマーケットプレイス（https://marketplace.zoom.us/）にアクセスし、[Manage] → [Added Apps]の順にクリックして、削除したいアプリの[Remove] → [Remove]の順にクリックします。削除すると、自動的に連携も解かれます。

ZoomにGoogleカレンダーを連携させる

Zoom に Google カレンダーを連携させることで、Zoom クライアントアプリからスケジュールを作成すると同時にミーティング URL が発行され、自動で Google カレンダーに予定が登録されます。

□ Googleカレンダーと連携する

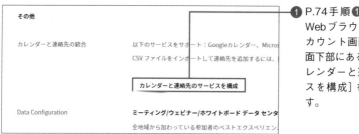

❶ P.74手順❶〜❷を参考に Webブラウザーの自分のアカウント画面を表示し、画面下部にある「その他」の[カレンダーと連絡先のサービスを構成]をクリックします。

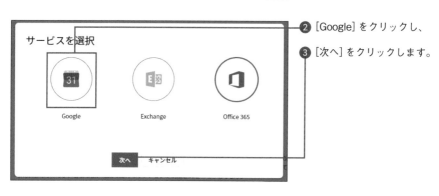

❷ [Google] をクリックし、

❸ [次へ] をクリックします。

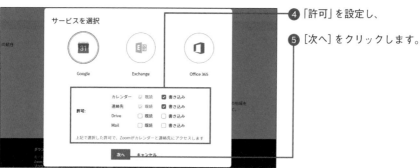

❹ 「許可」を設定し、

❺ [次へ] をクリックします。

⑥ 連携する Google アカウント
を選択してクリックします。

⑦ [続行] をクリックすると、
カレンダーが設定されます。

□ クライアントアプリからミーティングの予約をする

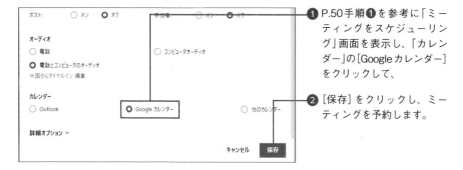

① P.50 手順①を参考に「ミー
ティングをスケジューリン
グ」画面を表示し、「カレン
ダー」の[Google カレンダー]
をクリックして、

② [保存] をクリックし、ミー
ティングを予約します。

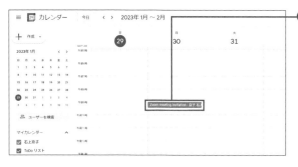

③ 連携した Google カレンダー
が開き、予約したミーティ
ングが表示されます。

137

GoogleカレンダーからZoomミーティングの予約をする

Googleカレンダー用のZoomアドオン「Zoom for Google Workspace」をGoogleカレンダーに追加すれば、Googleカレンダーから直接Zoomミーティングのスケジュールを作成し、ミーティングを主催・参加できるようになります。

□ GoogleカレンダーからZoomミーティングの予約をする

1 WebブラウザーでGoogle アカウントにサインインして、⠿をクリックし、

2 [カレンダー] をクリックします。

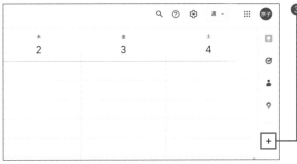

3 Googleカレンダーが起動するので、画面右側の＋をクリックします。

4 「Google Workspace Marketplace」が起動するので [Zoom for Google Workspace] をクリックします。

⑤ [インストール] をクリック
し、

⑥ [続行] をクリックします。

⑦ 連携するGoogleアカウント
を選択してクリックします。

⑧ [許可] → [完了] の順にク
リックします。

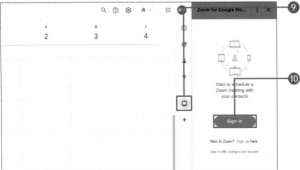

⑨ サイドバーに追加された
「Zoom for Google
Workspace」アイコンをク
リックし、

⑩ [Sign in] をクリックします。

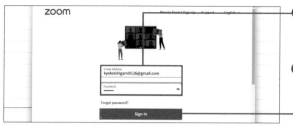

⑪ Zoomアカウントのメールアドレスとパスワードを入力し、

⑫ [Sign in]をクリックしてZoomアカウントでサインインします。

⑬ 「Allow this app to use my shared access permissions.」の□をクリックしてチェックを付け、

⑭ [Allow] → [Confirm]の順にクリックすると、「Zoom for Google Workspace」がアドオンに追加されます。

⑮ P.138手順❶～❷を参考にGoogleカレンダーを表示して、[作成]をクリックし、

⑯ [予定]をクリックします。

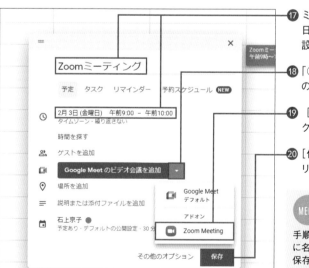

⑰ ミーティングのタイトル、日付、時間など必要事項を設定します。

⑱ 「○○のビデオ会議を追加」の▼をクリックし、

⑲ [Zoom Meeting]をクリックして、

⑳ [保存]→[保存]の順にクリックします。

MEMO ゲストを追加

手順⑰の画面で「ゲストを追加」に名前やメールアドレスを入力して保存すると、参加者を招待することができます。

SECTION
· · ·
082

Googleカレンダーから
Zoomミーティングに参加する

Googleカレンダーに登録されたZoomミーティングの予定から、かんたんにミーティングに参加することができます。カレンダーを複数で共有している場合は、リアルタイムで内容を確認でき、便利です。

□ GoogleカレンダーからZoomミーティングに参加する

❶ P.138手順❶〜❷を参考にGoogleカレンダーを表示し、予約されたミーティングをクリックして、

❷ [Zoom Meetingに参加]をクリックします。

第5章 外部ツール連携の技

❸ [Zoom Meetingsを開く]→[コンピュータ オーディオに参加する]の順にクリックします。

❹ Zoomミーティングに参加できます。

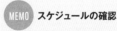

MEMO スケジュールの確認

会社内などで、Googleカレンダーをほかの人と共有している場合は、お互いが作成した予定を確認し合うことができます。カレンダーからかんたんに予約されたZoomミーティングに参加できるため便利です。

Slackと連携する

「Slack」とは、世界中で利用されているビジネスチャットツールです。Zoom連携の条件として、双方のアカウントで同じメールアドレスを登録していることと、管理者権限を持っている必要があります。

□ ZoomでSlackを承認する

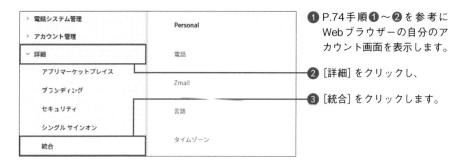

❶ P.74手順❶〜❷を参考にWebブラウザーの自分のアカウント画面を表示します。

❷ [詳細] をクリックし、

❸ [統合] をクリックします。

❹ [App Marketplaceに移動] をクリックします。

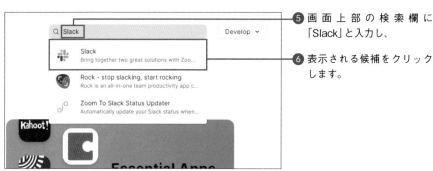

❺ 画面上部の検索欄に「Slack」と入力し、

❻ 表示される候補をクリックします。

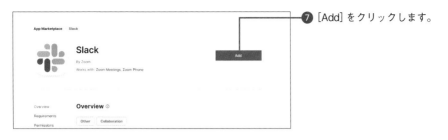

⑦ [Add] をクリックします。

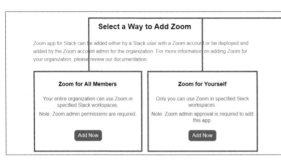

⑧ 組織全体にZoomを追加できる [Zoom for All Members] または個人で追加する [Zoom for Yourself] をクリックします。

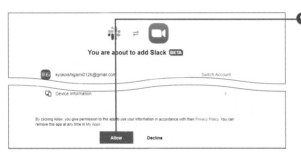

⑨ [Allow] → [Connect Workspace] の順にクリックします。

□ SlackにZoomアプリをインストールする

❶ WebブラウザーでSlackにサインインして、サイドバーの [App] をクリックし、

❷ [Zoom] をクリックします。

MEMO 「App」がない場合

サイドバーに「App」が見つからない場合は、[その他] をクリックしてみましょう。

143

❸ [Slackに追加] をクリック
します。

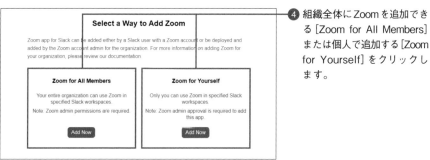

❹ 組織全体にZoomを追加でき
る [Zoom for All Members]
または個人で追加する [Zoom
for Yourself] をクリックし
ます。

❺ [Connect Workspace] をク
リックします。

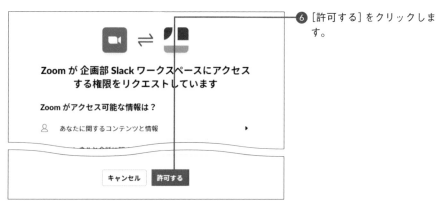

❻ [許可する] をクリックしま
す。

SlackからZoomミーティングを主催する

Zoomと連携することで、Slackからミーティングを主催するだけでなく、録画機能もそのまま活用できます。また、Zoomをインストールしていなくても、Slack上から参加可能です。

□ SlackからZoomミーティングを主催する

❶ WebブラウザーでSlackにサインインして、ミーティングを主催したいチャンネルをクリックします。

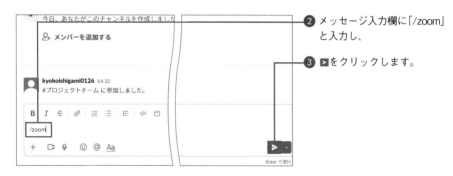

❷ メッセージ入力欄に「/zoom」と入力し、

❸ ▶をクリックします。

❹ Zoomミーティングのメッセージが送信されるので、[参加する]をクリックします。

Dropboxと連携する

「Dropbox」とは、必要なデータを1つにまとめて保存することができる、クラウドストレージサービスであり、Zoomでは共有フォルダーとして利用できます。日程や企画内容などを複数人に共有・発信することができます。

▫ Dropboxと連携する

❶ WebブラウザーでDropbox にサインインして、▦ をクリックし、

❷ [App Center]をクリックします。

❸ [Zoom]をクリックします。

> **MEMO アプリを検索する**
>
> 画面に表示されない場合は、検索欄に「Zoom」と入力し、検索します。

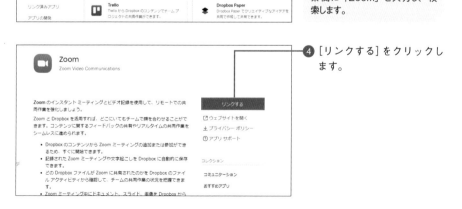

❹ [リンクする]をクリックします。

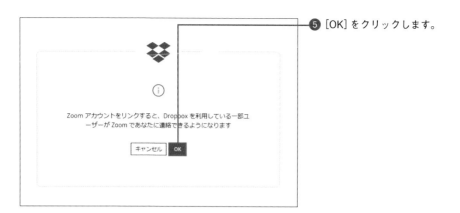

⑤ [OK] をクリックします。

⑥ 「Allow this app to use my shared access permissions.」 の □ をクリックしてチェックを付け、

⑦ [Allow] をクリックします。

⑧ [完了] をクリックすると、リンクされます。

DropboxからZoomミーティングに参加する

Dropboxからもミーティングに参加できます。なお、サービスを利用するには、まず
DropboxをGoogleカレンダーまたはOutlookカレンダーと連携する必要があります。

□ DropboxからZoomミーティングに参加する

❶ WebブラウザーでDropbox
にサインインして、プロ
フィールアイコンをクリッ
クし、

❷ [設定] をクリックします。

❸ [アプリ] をクリックすると、
連携されているアプリが一
覧 で 表 示 さ れ る の で、
「Zoom」と「Googleカレン
ダー」または「Outlookカレ
ンダー」が連携されている
ことを確認します。

> **MEMO 連携されていない場合**
>
> 必要なアプリが連携されていない
> 場合は、P.146～147を参考
> にアプリを連携します。

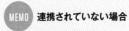
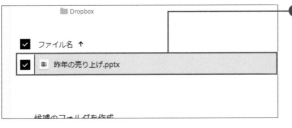

❹ 手順❶の画面でプレビュー
するファイルをクリックし
ます。

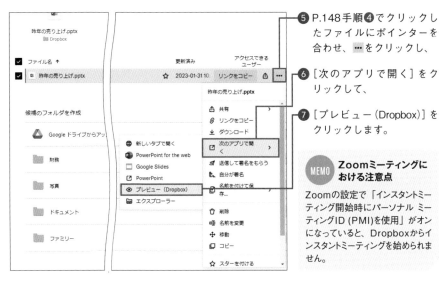

⑤ P.148手順④でクリックした ファイルにポインターを 合わせ、••• をクリックし、

⑥ [次のアプリで開く]をク リックして、

⑦ [プレビュー(Dropbox)]を クリックします。

MEMO Zoomミーティングに おける注意点

Zoomの設定で「インスタントミー ティング開始時にパーソナル ミー ティングID (PMI)を使用」がオン になっていると、Dropboxからイ ンスタントミーティングを始められま せん。

⑧ ファイルを共有している ユーザーのプロフィールア イコンをクリックします。

⑨ 誰かとカレンダーで予定さ れているZoomミーティン グがある場合は、[Zoom ミーティングに参加]をク リックすると、ミーティン グが開始されます。

--- COLUMN ---

DropboxからZoomミーティングに参加するとできること

ZoomとDropboxを連携させてZoomミーティングに参加できるようになると、以下のようなことが 行えます。

・Zoomまたは Dropbox のどちらかのアプリからでもミーティングへの参加やファイル、スライドな どのデータ内にアクセスできるため、シームレスかつスピーディーに共同作業を進められる
・使用するファイルからZoomミーティングへ進めるため、プレゼンテーションをする際にスムーズ
・Zoomミーティング中に録画・録音したデータを自動保存可能
・Zoomミーティング中に記録した文字起こしを自動保存可能

Dropboxからファイルを
画面共有する

Zoomには画面共有機能（P.68参照）がありますが、Dropboxと連携すれば、Zoom内の
操作だけで、Dropbox内に保存している共有したい資料などをミーティング中に共有で
きます。

▫ Dropboxからファイルを画面共有する

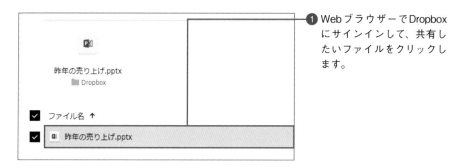

1 Webブラウザーで Dropbox にサインインして、共有したいファイルをクリックします。

2 クリックしたファイルにポインターを合わせ、••• をクリックし、

3 [共有]をクリックして、

4 [Zoom]をクリックします。

5 実施中のミーティングのミーティングIDを入力し、

6 [プレゼン]をクリックします。

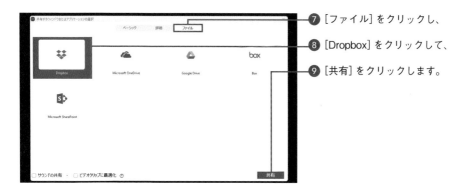

⑦ [ファイル]をクリックし、

⑧ [Dropbox]をクリックして、

⑨ [共有]をクリックします。

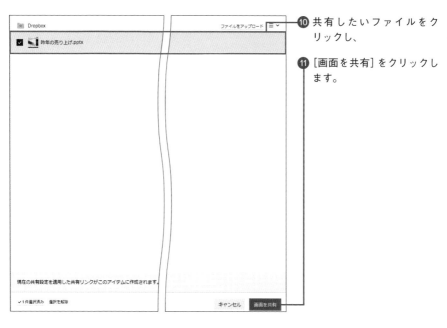

⑩ 共有したいファイルをクリックし、

⑪ [画面を共有]をクリックします。

⑫ ファイルが開き、画面が共有されます。

─ COLUMN ─

画面共有できるデータ

Zoomと連携した画面共有機能では、以下のようなデータを共有することができます。

・PPTファイル ・Wordファイル ・Excelファイル

・PDFファイル ・写真や動画 ・テキストファイル

TimeRexと連携する

「TimeRex」は、スケジュール管理に役立つアプリです。Zoomと連携させることで、日程調整と同時に自動でZoomミーティングのURLとミーティングIDを発行し、カレンダーに登録します。シームレスなスケジュール調整が可能です。

□ TimeRexと連携する

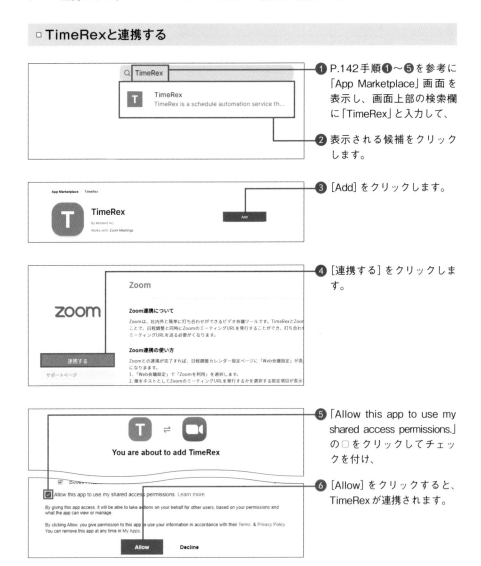

❶ P.142手順❶〜❺を参考に「App Marketplace」画面を表示し、画面上部の検索欄に「TimeRex」と入力して、

❷ 表示される候補をクリックします。

❸ [Add] をクリックします。

❹ [連携する] をクリックします。

❺ 「Allow this app to use my shared access permissions.」の□をクリックしてチェックを付け、

❻ [Allow] をクリックすると、TimeRexが連携されます。

□ TimeRexからZoomミーティングを予約する

❶ WebブラウザーでTimeRex にサインインして、[日程調整カレンダー作成]をクリックします。

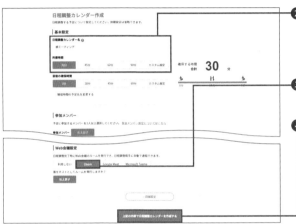

❷「日程調整カレンダー作成」画面が表示されるので、カレンダー名、時間など必要事項を設定し、

❸「Web会議設定」セクションの[Zoom]をクリックして、

❹[上記の内容で日程調整カレンダーを作成する]をクリックしてZoomミーティングのスケジュールを作成します。

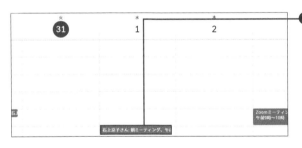

❺ TimeRexに設定されているカレンダー(ここでは「Googleカレンダー」)に予定が追加されます。

COLUMN

TimeRexにカレンダーを設定する

TimeRexを使用するためには、アカウントを登録する必要があります。その際に、Googleアカウントの「Googleカレンダー」またはMicrosoftアカウントの「Outlook予定表」のどちらかから連携したいカレンダーがあるアカウントを選択して登録しておくと、手順❶～❹で作成したZoomミーティングが予定として反映されます。

153

SECTION
089
Outlookと連携する

Zoom と Outlook を連携することで、Outlook のスケジュールから Zoom ミーティングや
依頼メールなどが作成できます。Zoom のダウンロードセンターにあるプラグインから
かんたんにインストール可能です。

□ Outlookと連携する

1 Web ブラウザー（ここでは Chrome）で Zoom の公式サイト（https://zoom.us）にアクセスし、

2 画面下部の [Outlook プラグイン] をクリックします。

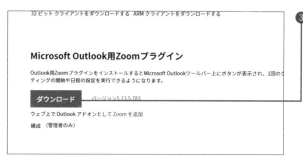

3 「Microsoft Outlook 用 Zoom プラグイン」の [ダウンロード] をクリックします。

4 ダウンロードが完了したら、☑ をクリックします。

⑤ [次へ] をクリックし、画面の指示に従ってインストールします。

▫ OutlookからZoomミーティングを予約する

① デスクトップ版アプリでOutlookにサインインして、画面上部の[ミーティングをスケジュールする]をクリックします。

> **MEMO** **すぐにミーティングを主催する**
>
> [インスタントミーティングを開始]をクリックすると、すぐにZoomミーティングを開始することができます。

② 作成するミーティングの任意の項目を設定し、

③ [続ける] をクリックするとミーティングが予約されます。

④ Zoomミーティングの日時やリンク、IDなどが入力されたメールが自動で作成されるので、宛先を入力して参加者に送信することができます。

そのほかのおすすめアプリや ツール

Zoomと連携できるアプリは多数あり、Zoomのマーケットプレイスから検索したり、Zoomアプリの連携サービスを持つ外部のアプリにサインインして連携したりできます。なお、アプリのプランによっては連携できないアプリがあります。

□ スケジュール管理アプリ

調整アポ

予約ページから日程を選択することで、リアルタイムで複数人の空いている日時を抽出し、的確な日程調整を行います。決定すると、自動的にZoomのURLが発行され、連携カレンダーに予定が登録されます。

◀ 調整アポ
https://scheduling.receptionist.jp/

Calendly

スケジュール予約ツールです。普段使用しているカレンダーと連携すれば予定の確認がかんたんに行えます。また、メンバーでミーティングの日程調整をし、日程が確定すると同時にZoomのURLが発行されます。

◀ Zoom アプリマーケットプレイス
https://marketplace.zoom.us/apps/
BF4eht18S3a0KTLiKM3P0A

□ そのほか

STORES 予約

　オンラインレッスンやイベントなどの集客をスムーズに行ったり、ネット予約を管理したりするシステムアプリです。Zoomと連携することで、一気通貫に予約から顧客管理までできるようになります。

◀ STORES 予約
https://stores.jp/reserve

Asana App for Zoom

　Asana上でアクションアイテムなどを作成すれば、プロジェクト全体の進捗などを確認したり、Zoomミーティング前後に必要な内容を共有したりして、タスク管理や生産的なミーティングを実行できます。

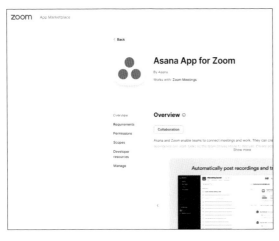

◀ Zoom アプリマーケットプレイス
https://marketplace.zoom.us/
apps/zLDiZr9YS8esLb9z54h2Mw

157

Zoom連携を解除する

Zoomクライアントアプリに連携したカレンダーやクラウド連絡先（P.136参照）は、いつでも解除することができます。解除すると、予定を作成してもカレンダーに共有されなくなります。また、それぞれ連携したアプリ内で解除することも可能です。

▢ Zoom連携を解除する

❶ P.74手順❶～❷を参考にWebブラウザーの自分のアカウント画面を表示し、画面下部にある「その他」の「カレンダーと連絡先の統合」にある［削除］をクリックします。

❷ ［削除］をクリックすると、カレンダーと連絡先の連携の統合が削除されます。

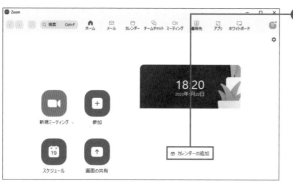

❸ Zoomクライアントアプリに連携されたカレンダーが削除されます。

第6章

Zoomの
有料プラン管理者の技

SECTION
092

Zoomの有料プランとは

Zoomの有料プランは、「プロプラン」「ビジネスプラン」「ビジネスプラスプラン」の3種類です。無料プランでも基本的なサービスは利用可能ですが、法人で利用するのであれば、有料プランがおすすめです。

□ 有料プランの種類

　Zoomはもともと、無料プランは個人向け、有料プランはビジネスユーザー向けとして作られており、使い勝手は同じですが、運営できる範囲はかなり異なります。

　有料プランは、それぞれ手頃な順に「プロプラン」<「ビジネスプラン」<「ビジネスプラスプラン」となり、利用できる機能や参加できる人数の規模、ライセンスの数などに違いがあります。

　ライセンスとは、1人につき1つまで所有でき、有料プランでZoomミーティングを主催するためには必ず必要になるIDであり、Zoomミーティングの主催者（ホスト）になれる人の数と比例します。Zoomの有料プランを購入すると、最大99までのライセンスも購入できるようになり、購入したライセンスはほかの人に割り振ることが可能です。たとえば、プロプランであれば1人で購入できる数は9つまでで、最大9人にライセンスを割り振ることができるため、契約者含めまたは契約者以外の最大9人が主催者（ホスト）としてZoomミーティングを主催できます。ほかのプランに関しては、P.19の表を参照してください。

　「プロプラン」は小規模企業向きで、2,125円／月で最大100人のミーティングを30時間、「ビジネスプラン」と「ビジネスプラスプラン」は中小企業向きで、ビジネスプランは27,000円／月～で最大300人のミーティングを30時間行え、10～99のIDが使用可能です。ビジネスプラスプランは31,250円／月～で行え、ストレージの容量や電話機能が追加されます。組織の規模や機能によって、汎用性の高いプランを選びましょう。

◀ 「Zoomの追加オプション」
（https://zoom.us/ja/pricing）

□ 有料プランでできること

●アドオンの追加

有料プランのアカウントアドオンを追加購入することで、ミーティングの参加人数を増やしたり、クラウドストレージを追加したりすることができます。追加するアドオンによって内容や料金が異なります。

●時間無制限のミーティング機能

無料プランでは、最大40分という時間制限がかかり、途中で中断されてしまいますが、有料プランでは、時間を気にすることなく、最大30時間連続でミーティングを行えます。

●共同ホスト機能

通常、ミーティングに主催者（ホスト）は1人ですが、主催者（ホスト）の権限を複数人と共有することで、協力して満足度の高いミーティング内容にすることができます。グループワークやトラブルがあったときなどに役立ちます。

●ユーザー管理

有料ライセンスを持っていると、企業アカウント全体、または各部署ごとにユーザーを管理できる体制が整っています。ユーザーの権限を編集したり、無効にしたりできるので、セキュリティを高められます。

●クラウドレコーディング機能

クラウド上にミーティング内容を録画・録音し、データをダウンロードしたり共有したりすることができます。レコーディングを開始できるのは主催者（ホスト）または共同ホストのみです。

●投票機能

参加者の意見を収集するのに便利な機能に、「投票」と「アンケート」があります。大規模なミーティングや、講義が一方的になってしまいがちな場面においては、積極的に活用していきましょう。

□ 有料オプションの種類

	Zoom Whiteboard	大規模なミーティング	クラウドストレージ	Zoom 翻訳版字幕
月額	311円〜	6,700円〜	1,250円〜	625円〜 （ライセンスごと）
内容	ホワイトボードが無制限に利用できます。	ミーティングの参加者定員を最大500名または1,000名まで増加できます。	Zoomクラウドの容量を最大5TBまで増やして、より多くのビデオを録画保存できるようにします。	自動字幕機能に翻訳機能を追加できます。

▲上記はサービスの一部です。

□ 役割／権限とは

　Zoomの有料アカウントのユーザーには、初期設定で「オーナー」「管理者」「メンバー」の3種類の役割があります。Zoomアカウントを作成すると、そのユーザーはアカウントの所有者となり「オーナー」という役割が割り当てられます。アカウントにユーザーを追加すると、「管理者」または「メンバー」という役割が割り当てられ、各役割には固有の権限があります。

　権限とは、それぞれの役割に与えられているアカウントやユーザーを管理するためのものです。利用できる機能が制限されたり、ほかのユーザーを管理する権限が与えられたりします。オーナー（または権限のある役割を持つユーザー）は、ほかのユーザーの役割や、役割が有する権限を変更することもできます（P.170参照）。

　また、役割とは別にZoomアカウントでは、ユーザータイプの割り当てや変更ができます。ユーザーを追加すると、とくに設定しない場合、そのユーザーのユーザータイプは「ベーシックユーザー」になります。あらかじめライセンスを用意しておけば、ユーザーを「ライセンスユーザー」にすることができ、ミーティングの主催者（ホスト）を増やすことができます（P.168参照）。

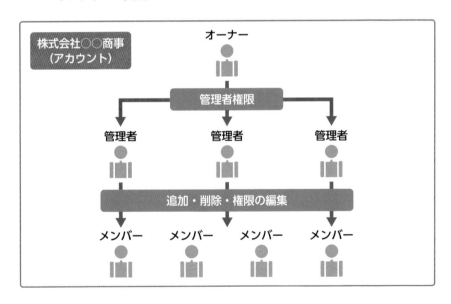

オーナー

「オーナー」はシステムの所定の役割のため、権限の変更はできません。Zoomのアカウントにアクセスして管理する完全な権限を持っています。オーナーが同じアカウント内にユーザーを追加し、役割を割り当て、権限を編集・設定することで、組織全体をまとめて管理できるような体制を作り上げることができます。また、現オーナーである場合のみ、オーナーを新しい人に設定することができます。権限を移譲すると、旧オーナーの役割は管理者に変更されます。

管理者

「管理者」は、オーナーによって割り振られるオーナーと同等の権限を持つことのできるユーザーです。デフォルトで与えられている権限には限りがありますが、オーナーが手動で許可することによって、ほぼすべての権限を与えることができます。もちろん、カスタマイズすることも可能です。

メンバー

「メンバー」はシステムの所定の役割のため、権限の変更はできません。Zoomミーティングに参加者として参加したり、主催者（ホスト）を務めたりすることはできますが、アカウントの管理権限は持っていません。

各役割が利用できる権限

権限	オーナー	管理者	メンバー
ユーザーの編集（ライセンスやグループの割り当て）	○	○	－
ユーザーの削除、リンク解除、および停止	○	○ （※オーナーからの許可が必要）	－
ユーザーの詳細設定の編集	○	○	－
ユーザーの役割の追加／編集	○	○ （※オーナーからの許可が必要）	－
外部ユーザーをメンバーとして追加	○	○ （※オーナーからの許可が必要）	－
グループの編集	○	○	－

※上記はサービスの一部です。

SECTION
093
有料アカウントを登録する

Zoomの有料プランでは、利用できる便利な機能が増えたり、ミーティングの制限時間がなくなったりと、メリットが多くあります。ここでは、無料アカウントから有料アカウントにアップグレードする方法を紹介します。

□ アカウントをアップグレードする

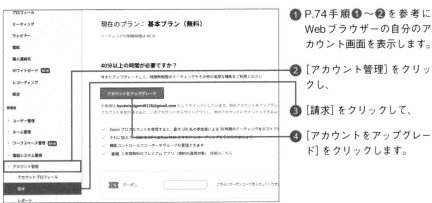

① P.74 手順❶～❷ を参考に Webブラウザーの自分のアカウント画面を表示します。

② [アカウント管理] をクリックし、

③ [請求] をクリックして、

④ [アカウントをアップグレード] をクリックします。

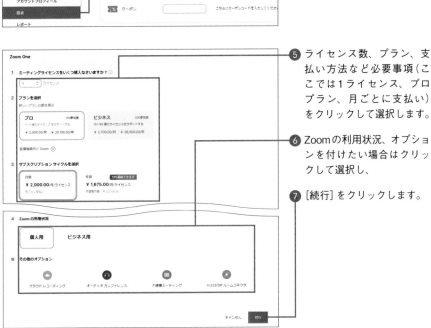

⑤ ライセンス数、プラン、支払い方法など必要事項（ここでは1ライセンス、プロプラン、月ごとに支払い）をクリックして選択します。

⑥ Zoomの利用状況、オプションを付けたい場合はクリックして選択し、

⑦ [続行] をクリックします。

⑧ 各有料オプションが表示されるので、ここでは[このステップをスキップする]をクリックします。

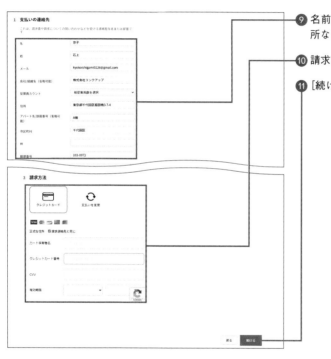

⑨ 名前、メールアドレス、住所など必要事項を入力し、

⑩ 請求方法を設定・入力して、

⑪ [続ける]をクリックします。

⑫ 内容を確認し、[発注]をクリックします。

MEMO　申し込み内容を確認する

アップグレードが完了すると、「アカウントをアップグレードしました。」画面が表示され、24時間以内に変更確認メールが届きます。また、申し込み内容や請求書を保存することもできます。

ユーザーを追加する

1つのアカウントで複数のミーティングを立ち上げたい場合や、主催者（ホスト）になれる人数を増やしたいときは、ユーザーを追加すると、より便利にZoomを使用できます。ベーシックユーザーのほか、ライセンスユーザーを9,999人まで追加可能です。

□ 新規ユーザーを追加する

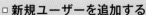

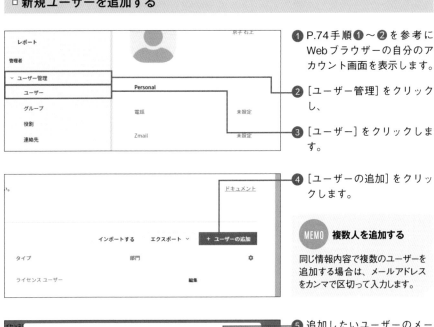

❶ P.74手順❶～❷を参考にWebブラウザーの自分のアカウント画面を表示します。

❷ [ユーザー管理]をクリックし、

❸ [ユーザー]をクリックします。

❹ [ユーザーの追加]をクリックします。

MEMO 複数人を追加する

同じ情報内容で複数のユーザーを追加する場合は、メールアドレスをカンマで区切って入力します。

❺ 追加したいユーザーのメールアドレスを入力し、

❻ ユーザータイプをクリックして、

❼ 相手のプロフィールとして表示される情報や追加したいグループなどを選択してクリックします。

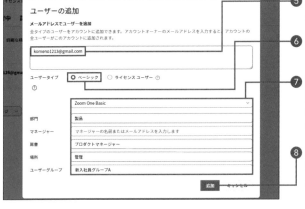

❽ [追加]をクリックすると、相手にリクエストが送信されます。

⑨ 相手がアカウントをアクティベート、またはリクエストを承認すると、ユーザーに追加されます。

□ 複数のユーザーをCSVファイルから追加する

① P.166手順④の画面で、[インポートする]をクリックします。

② ユーザータイプをクリックし、

③ [CSVファイルのアップロード]をクリックします。

MEMO **CSV ファイルの作成**

[CSVサンプルのダウンロード]を
クリックすると、リストの見本を閲
覧することができます。

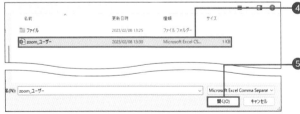

④ Excelで作成したユーザーリストのCSVファイルをクリックし、

⑤ [開く]をクリックします。

⑥ ユーザーがインポートされます。[保留中]をクリックすると、リクエストを送信したユーザーの一覧を確認できます。

SECTION
095

ユーザー情報を編集する

Zoomアカウントのオーナーおよび管理者は、参加ユーザーに対してベーシックまたは有料のライセンスを付与することができます。なお、与えられる役割は、1つのみとなっています。

□ ユーザーのライセンスを選択する

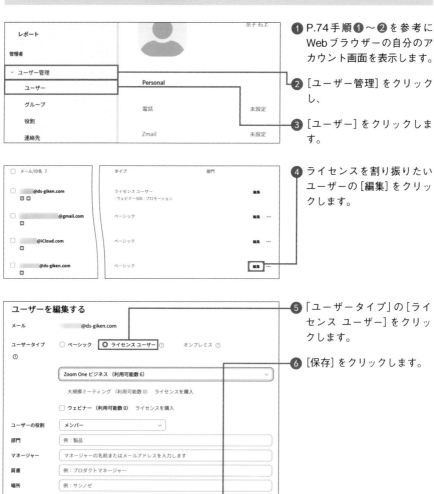

① P.74手順❶～❷を参考にWebブラウザーの自分のアカウント画面を表示します。

② [ユーザー管理] をクリックし、

③ [ユーザー] をクリックします。

④ ライセンスを割り振りたいユーザーの [編集] をクリックします。

⑤ 「ユーザータイプ」の [ライセンス ユーザー] をクリックします。

⑥ [保存] をクリックします。

168

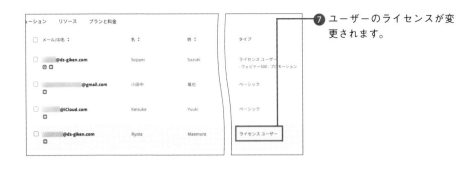

⑦ ユーザーのライセンスが変更されます。

□ ユーザーの役割を設定する

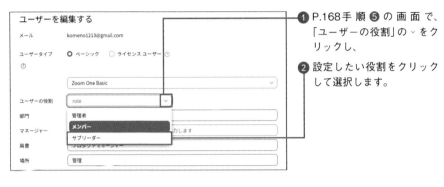

① P.168手順⑤の画面で、「ユーザーの役割」の∨をクリックし、

② 設定したい役割をクリックして選択します。

③ [保存]をクリックします。

④ 役割が変更されます。

169

新しい役割を作成する

デフォルトでは、Zoomアカウントのユーザーには3種類の役割がありますが、新しく役割を作成し、ほかのユーザーを削除したり追加したりできる権限を与えて、そこにユーザーを割り当てることができます。柔軟に活用していきましょう。

□ 新しい役割を作成する

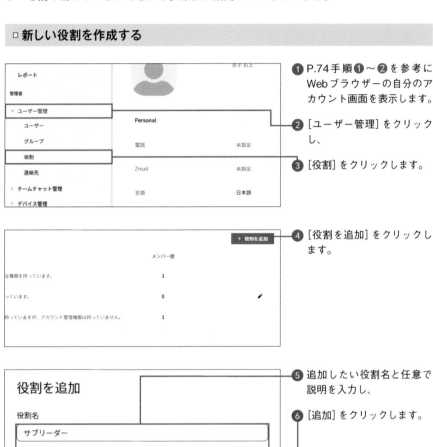

① P.74手順❶～❷を参考にWebブラウザーの自分のアカウント画面を表示します。

② [ユーザー管理] をクリックし、

③ [役割] をクリックします。

④ [役割を追加] をクリックします。

⑤ 追加したい役割名と任意で説明を入力し、

⑥ [追加] をクリックします。

役割の権限を変更する

既存の役割には、「オーナー」「管理者」「メンバー」の3つの役割があり、アカウントの所有者であるオーナーは、オーナーとメンバー以外の役割が保有する権限を自由に変更することができます。

□ 役割の権限を変更する

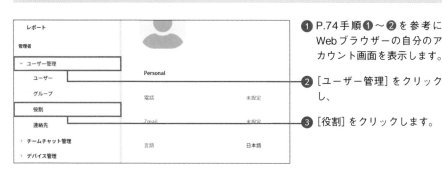

① P.74手順❶〜❷を参考にWebブラウザーの自分のアカウント画面を表示します。

② [ユーザー管理]をクリックし、

③ [役割]をクリックします。

④ 権限を変更したい役割をクリックします。

⑤ そのユーザーに割り当てる権限や範囲に応じて「表示」と「編集」の列にあるチェックボックスにチェックを付けたり「範囲」を設定したりします。

⑥ [変更を保存]をクリックします。

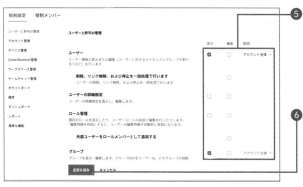

171

SECTION 098

ダッシュボードを管理する

アカウントのオーナー、または管理者はZoomダッシュボードを使うことができます。
全体的な使用状況からミーティング内のライブデータまで、さまざまな情報を確認可能
です。データは12か月間保管されます。

□ Zoomダッシュボードを確認する

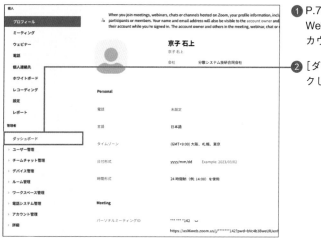

❶ P.74手順❶～❷を参考に
Webブラウザーの自分のア
カウント画面を表示します。

❷ [ダッシュボード] をクリッ
クします。

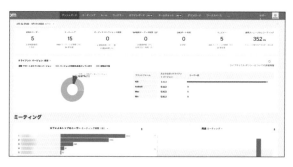

❸ Zoomダッシュボードが表
示されます。

❹ 確認したい項目のタブをク
リックしデータへアクセス
します。

Zoomダッシュボードとは

Zoomダッシュボードは、「ビジネス」「教育機関向け」「エンタープライズ」または「API」プランで使用することができる機能です。アカウントのオーナー、または管理者が、全体的な使用状況からミーティング内のライブデータまで、さまざまな情報を確認することができます。 このデータを分析することにより、ユーザーが社内でミーティングを主催する方法について理解を深めることができます。

Zoomダッシュボードには、「ダッシュボード」「ミーティング」「ルーム」「ウェビナー」「ホワイトボード」などのタブがあり、それぞれ統計情報やグラフを表示することができます。ダッシュボードのデータは、毎日12:00（GMT）に更新され、12か月間のみ保管されます。重要な過去のミーティングやウェビナーの情報は、CSVファイルにエクスポートしておきましょう。たとえば、トップページの「ダッシュボード」タブでは、Zoomの使用状況全体に関する広範な静的データが表示され、常時確認できます。

「ミーティング」タブでできること

「ミーティング」タブでは、ライブ中のミーティングや過去に開催されたミーティングの情報を表示します。過去のミーティングはCSVファイルでエクスポート可能です。任意のミーティングIDを選択すると、ミーティングに関する情報が表示され、ユーザーの接続元やネットワーク品質の情報なども確認することができます。

●確認できる情報

ミーティングに関する情報、参加者、参加・退出時間、接続したデバイス、ネットワークタイプ、参加した場所、IPアドレス、ビデオやオーディオンの品質の情報に至るまでさまざまな情報を表示することできます。

●詳細なビューを確認する

任意の参加者の「オーディオ」「ビデオ」「画面共有」の詳細な状態を示すビューページを表示することができます。ビットレートや遅延のほか、ビデオと画面共有の解像度とフレームレートも表示することができ、トラブルシューティングに役立てられます。

●ライブにアシスタントとして参加する

「ミーティング」タブからミーティング中の[ミーティングID]をクリックし[ライブにアシスタントとして参加] をクリックします。ネットワーク、オーディオ、ビデオなどといったトラブルを確認し、支援することができます。

●データをエクスポートする

「ミーティング」タブで [過去のミーティング]をクリックし、[CSVにエクスポート]をクリックします。ミーティングのリストや特定のミーティングの参加者の詳細情報をエクスポートできます。

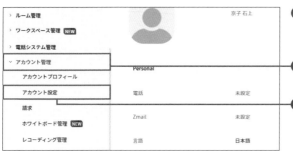 SECTION
099

Zoomミーティング中に
投票を行う

有料プランでは、あらかじめ作成した質問や、ミーティング中に作成した質問を使って、参加者全員で投票を行うことができます。1回のミーティングで最大50の投票を作成でき、各投票の質問数は最大10までとなっています。

▫ 投票機能を有効化する

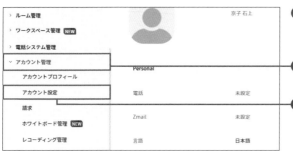

① P.74手順①～②を参考にWebブラウザーの自分のアカウント画面を表示します。

② [アカウント管理] をクリックし、

③ [アカウント設定] をクリックします。

④ [ミーティング内（基本）] をクリックし、

⑤ 「ミーティング投票/クイズ」の ○● → [有効にする] の順にクリックします。

⑥ [詳細投票/クイズを作成することをホストに許可します。] をクリックしてチェックを付け、

⑦ [保存] をクリックします。

◻ 投票用の質問を事前に作成する

① P.74手順❶～❷を参考に Webブラウザーの自分のアカウント画面を表示します。

② [ミーティング]をクリックし、

③ 投票を行いたい予約されているミーティングをクリックします。

④ [投票/クイズ]をクリックし、

⑤ [作成]をクリックします。

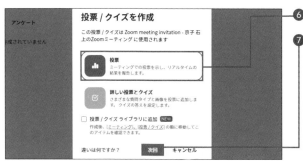

⑥ [投票]をクリックし、

⑦ [次回]をクリックします。

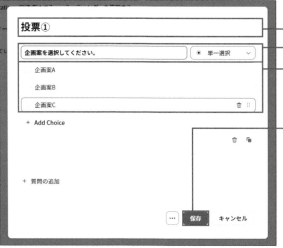

⑧ 質問の分野やタイトルを入力し、

⑨ 質問と質問形式を入力・設定して、

⑩ 回答を入力します。

⑪ 質問の作成が完了したら[保存]をクリックします。

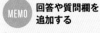

MEMO 回答や質問欄を追加する

[Add Choice]をクリックすると、解答欄が追加され、[質問の追加]をクリックすると、質問が追加されます。

SECTION
100
投票を開始する

ミーティング中であれば、主催者（ホスト）の好きなタイミングで実施できるのが投票
機能です。投票結果をその場で参加者に共有したり、あとからダウンロードして共有す
ることもできます。また、誰がどのように投票したのかがわかります。

□ ミーティング中に投票を行う

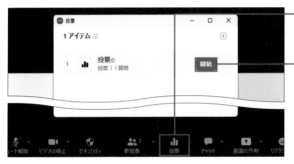

1 ミーティング画面で［投票］
をクリックし、

2 行いたい投票にポインター
を合わせ、［開始］をクリッ
クすると、事前に作成した
投票画面が出席者の画面に
表示され、投票を行うこと
ができます。

3 ［投票を終了］をクリックす
ると、投票が締め切られま
す。

4 ［結果を共有］をクリックす
ると、投票結果が参加者の
画面に表示されます。

◻ 投票結果をダウンロードする

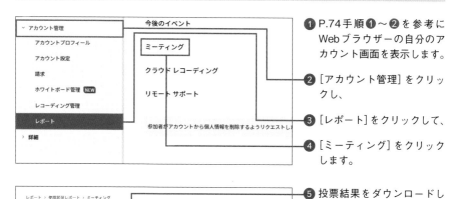

❶ P.74手順❶～❷を参考に
Webブラウザーの自分のア
カウント画面を表示します。

❷ [アカウント管理]をクリッ
クし、

❸ [レポート]をクリックして、

❹ [ミーティング]をクリック
します。

❺ 投票結果をダウンロードし
たいミーティングの日付範
囲を設定し、

❻ ∨をクリックして、

❼ [投票レポート]をクリック
します。

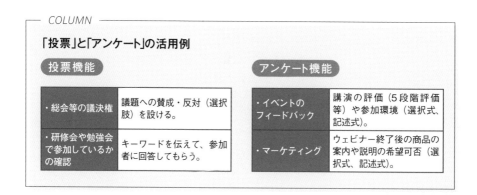

❽ [検索]をクリックし、

❾ ダウンロードしたいミー
ティングの□をクリックし
てチェックを付け、

❿ [作成]→[ダウンロード]の
順にクリックすると、CSV
ファイルとしてダウンロー
ドできます。

COLUMN

「投票」と「アンケート」の活用例

投票機能

・総会等の議決権	議題への賛成・反対（選択肢）を設ける。
・研修会や勉強会で参加しているかの確認	キーワードを伝えて、参加者に回答してもらう。

アンケート機能

・イベントのフィードバック	講演の評価（5段階評価等）や参加環境（選択式、記述式）。
・マーケティング	ウェビナー終了後の商品の案内や説明の希望可否（選択式、記述式）。

Zoomミーティング終了時に
アンケートを行う

Zoomでは、参加者全員に対して「アンケート」を用いて質問に回答してもらい、ミーティングに対する意見を求めることができます。投票機能と異なり、アンケート機能はミーティング終了時に行われます。

□ アンケートを有効化する

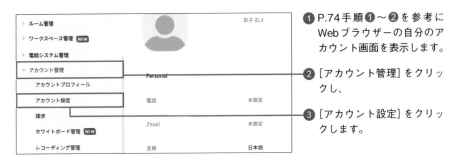

❶ P.74手順❶～❷を参考にWebブラウザーの自分のアカウント画面を表示します。

❷ [アカウント管理] をクリックし、

❸ [アカウント設定] をクリックします。

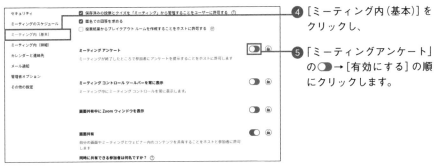

❹ [ミーティング内（基本）] をクリックし、

❺ 「ミーティングアンケート」の ◯ → [有効にする] の順にクリックします。

❻ アンケート機能が有効になります。

□ アンケートを作成する

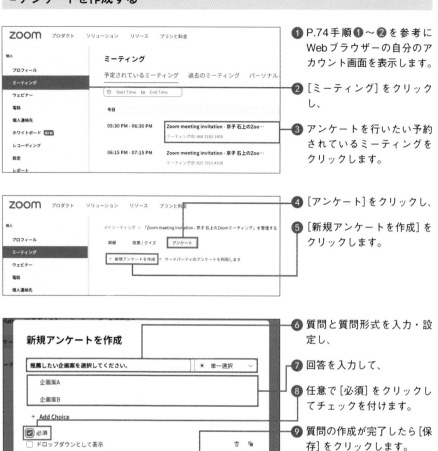

1. P.74手順❶〜❷を参考に Web ブラウザーの自分のアカウント画面を表示します。

2. [ミーティング]をクリックし、

3. アンケートを行いたい予約されているミーティングをクリックします。

4. [アンケート]をクリックし、

5. [新規アンケートを作成]をクリックします。

6. 質問と質問形式を入力・設定し、

7. 回答を入力して、

8. 任意で[必須]をクリックしてチェックを付けます。

9. 質問の作成が完了したら[保存]をクリックします。

10. アンケートが作成されます。

アンケートを実施する

アンケートは、ミーティング終了時にWebブラウザーに表示したり、結果をダウンロードしたりすることができます。アンケート結果は主催者（ホスト）にのみ表示され、参加者は、誰がどの回答をしたのかはわかりません。

□ 送信方法を設定する

① P.179手順⑩の画面で「アンケートオプション」の［編集］をクリックします。

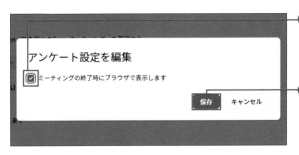

② 「ミーティングの終了時にブラウザで表示します」の□をクリックしてチェックを付け、

③ ［保存］をクリックすると、ミーティング終了時に作成したアンケートが参加者に表示されます。

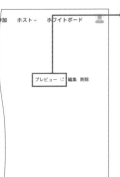

④ ［プレビュー］をクリックすると、参加者にどのように表示されるかを確認することができます。

□ アンケート結果をダウンロードする

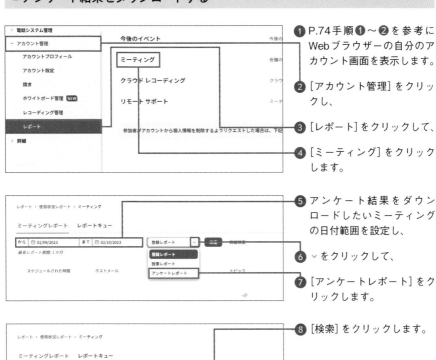

① P.74手順①～②を参考に Web ブラウザーの自分のアカウント画面を表示します。

② [アカウント管理] をクリックし、

③ [レポート] をクリックして、

④ [ミーティング] をクリックします。

⑤ アンケート結果をダウンロードしたいミーティングの日付範囲を設定し、

⑥ ∨ をクリックして、

⑦ [アンケートレポート] をクリックします。

⑧ [検索] をクリックします。

⑨ ダウンロードしたいミーティングの □ をクリックしてチェックを付け、

⑩ [作成] をクリックします。

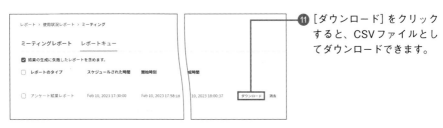

⑪ [ダウンロード] をクリックすると、CSV ファイルとしてダウンロードできます。

共同ホスト機能を有効にする

主催者（ホスト）は、参加者の中から指定して、主催者（ホスト）と同じ権限を持つ共同ホストにすることができます。参加者やミーティングの管理を複数人でできるので、よりスムーズなミーティングを運営することができる便利な機能です。

□ 共同ホスト機能とは

　共同ホストとは、ミーティング中に使用される、主催者（ホスト）と同様の権限を持ったユーザーのことです。共同ホストに指名されたユーザーは、主催者（ホスト）の権限を共有することができるようになります。設定できる共同ホストの人数には制限がないため、ミーティングを円滑に進行するために役立ちます。大人数が参加するセミナーや、トラブルが起こったときなどのためのサポート、参加者を管理できる補助役として複数人を割り当てておくとよいでしょう。

　共同ホスト機能を利用できるのは、プロプラン以上の有料ライセンスユーザーですが、共同ホストは無料・有料ライセンスユーザー関係なく付与することができます。アカウント、グループ、個人ユーザー単位で共同ホスト機能を有効に設定可能です。

　なお、共同ホストは事前に割り当てることができないため、ミーティング中に割り当てる必要があります（P.184参照）。また、参加者のミュートやビデオの停止、画面の共有など、大部分の権限を与えられていますが、ライブ配信ができないなど、制限されている機能もあります。

COLUMN

共有ホストではできないこと

共同ホストには、主催者（ホスト）と同じ権限が与えられていますが、以下のように、できないことがあります。

- ・主催者（ホスト）によって予約されたミーティングを開始する
- ・ライブストリーミングを開始する
- ・字幕を開始する
- ・待機室を開始する（参加者を待機室に入室させる、または待機室から参加者を受け入れ/削除することは可能）
- ・ほかの参加者を共同ホストにする
- ・全参加者に対してミーティングを終了する

❏ アカウントの共同ホスト機能を有効にする

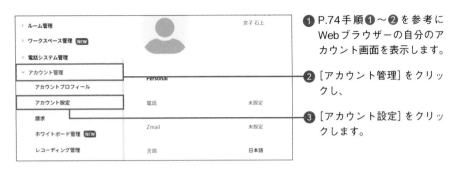

❶ P.74手順❶～❷を参考に Webブラウザーの自分のアカウント画面を表示します。

❷ [アカウント管理] をクリックし、

❸ [アカウント設定] をクリックします。

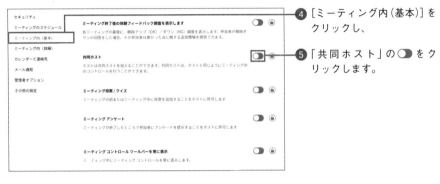

❹ [ミーティング内（基本）] をクリックし、

❺ 「共同ホスト」の ⬤ をクリックします。

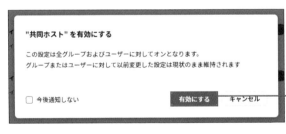

❻ [有効にする] をクリックします。

❼ 組織全員に対して共同ホスト機能が有効になります。

SECTION
104
共同ホストを割り当てる

共同ホストは、事前に割り当てられないため、ミーティング中に参加者に対して割り当てる必要があります。ミーティング画面や参加者ウィンドウから設定したい参加者を選択し、ともに参加者を管理してもらいましょう。

□ **共同ホストをミーティング中に割り当てる**

1 ミーティング画面で、共同ホストにしたいユーザーの画面にポインターを合わせ、■ をクリックします。

2 ［共同ホストにする］をクリックします。

MEMO **共同ホストを削除する**

共同ホスト設定後に手順**2**の画面で［共同ホスト権限を削除］をクリックします。

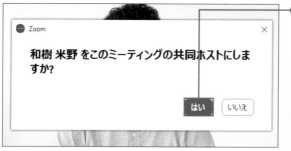

3 ［はい］をクリックすると、共同ホストに設定されます。

MEMO **参加者ウィンドウから共同ホストを割り当てる**

ミーティング画面で［参加者］→共同ホストにしたい参加者の □ →［共同ホストにする］→［はい］の順にクリックします。

共同ホストを活用する

共同ホスト機能は、オンライン上で行うミーティングにおいては、非常に重要です。とくに、参加人数が多い場合や時間が限られているミーティングやイベントの場合は、あらかじめ役割を分担しておくことで時間を有意義に使えます。

◻ 共同ホストの活用例

入室管理	ミーティングの参加者が決まっている場合などは、待機室を設けると誰に入室を許可するかを個別で選択することができます（P.55 参照）。その際は、複数の共同ホストと協力して参加者をチェックしていくことで、ミーティング全体の管理を行き届かせることができます。
「スポットライト機能」の使用（P.79 参照）	主催者（ホスト）が司会としてミーティングを進行しているときには、発言者と主催者（ホスト）を並べて画面に映したり、発言者のみを画面に大きく表示させたりして強調させることで、注目すべき人が全体的にわかりやすくなります。
「ブレイクアウトルーム機能」の使用（P.74 〜 75 参照）	主催者（ホスト）がミーティングを進めている間に、ブレイクアウトルームを作成し、参加者の振り分けや時間を設定することができます。円滑なミーティングのためにも、あらかじめ Zoom ミーティングの流れを共同ホストと共有しておくことが重要です。
主催者（ホスト）のトラブル対応	主催者（ホスト）の回線が落ちたり、パソコンの電源が切れてしまったりしたときでも、Zoom ミーティングが強制終了せずに共同ホストが主催者（ホスト）に切り替わることで Zoom ミーティングを継続させることができます。使用する予定がなくても、設定しておくことで万が一に備えられます。

共同ホストを加えた構図（Zoomミーティング）

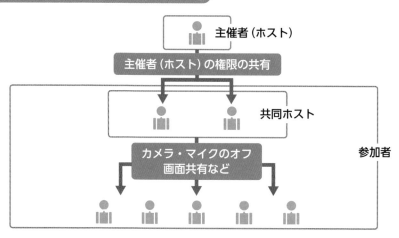

185

パーソナルミーティングIDを変更する

パーソナルミーティングIDは、ユーザーごとに自動で振り分けられている10桁の数字です。有料ライセンスユーザーであれば、自由に変更することができます。ただ、カスタマイズには制限があるため注意が必要です。

□ パーソナルミーティングIDを変更する

1 P.74手順❶～❷を参考にWebブラウザーの自分のアカウント画面を表示します。

2 [プロフィール]をクリックします。

3 「Meeting」にある「パーソナルミーティングID」の[編集]をクリックします。

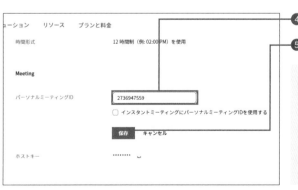

4 変更したいIDを入力し、

5 [保存]をクリックします。

MEMO **IDの制限事項**

・1または0から始まらないようにする
・数字を順番に並べないようにする
・同じ数字を5回連続で使用しないようにする…など

クラウドレコーディング機能を有効にする

有料プランでは、Zoomミーティングの内容をローカル保存だけでなくクラウド上に保存することができるようになります。クラウドレコーディングを開始できるのはミーティングの主催者（ホスト）または共同ホストのみです。

□ アカウント全体を有効化する

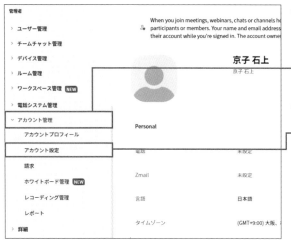

① P.74手順①～②を参考にWebブラウザーの自分のアカウント画面を表示します。

② ［アカウント管理］をクリックし、

③ ［アカウント設定］をクリックします。

> **MEMO グループ単位で有効にする**
>
> P.112手順③の画面で、有効化したいグループ→［記録］→「クラウドレコーディング」の⚪→［有効にする］の順にクリックします。

④ ［記録］をクリックします。

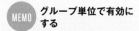

⑤ 「クラウドレコーディング」の⚪→［有効にする］の順にクリックすると、組織全員に対してクラウドレコーディング機能が有効になります。

第6章　Zoomの有料プラン管理者の技

187

クラウドレコーディングを使う

クラウドレコーディングを行うと、ミーティングを録画したデータは、デバイスの容量を消費することなく、クラウド上に保存されます。保存されたデータは、再生・ダウンロード・削除などをすることができます。

クラウドレコーディングを開始する

① ミーティング画面で [レコーディング] をクリックし、

② [クラウドにレコーディング] をクリックします。

③ レコーディングが開始されます。

④ ■をクリックし、

⑤ [はい] をクリックすると、レコーディングが停止されます。

□ 保存したデータを共有する

① P.74手順①～②を参考に Webブラウザーの自分のアカウント画面を表示します。

② [レコーディング]をクリックします。

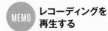

③ 共有したいミーティングの[共有]をクリックします。

MEMO レコーディングを再生する

手順③の画面で、再生したいミーティングをクリックすると、レコーディングを再生したりダウンロードしたりすることができます。

④ 共有したい人（ここでは、特定の人）のメールアドレスを入力し、

⑤ 表示される候補をクリックします。

MEMO コピーする

[コピー]をクリックするとURLとパスコードが取得できるので、メールなどで共有する方法もあります。URLとパスコードを知っている人は誰でもレコーディングを視聴可能です。

⑥ [送信]をクリックすると、送信されます。

MEMO 共有設定

レコーディングを安全に管理するためには、[共有設定]をクリックして細かく設定項目をカスタマイズしましょう。詳しくはP.190を参照してください。

クラウドレコーディングの共有設定をする

アカウントの所有者は、保存した録音データのダウンロードを無効化したり、パスワードを設けたり閲覧できる視聴者を制限したりして、管理することができます。

クラウドレコーディングの共有設定項目

誰が表示できるか

「レコーディング リンクのある人全員」	選択すると、URL を知っているユーザー全員にアクセス権限を与えます。
「アカウントのサインインユーザー」	選択すると、アカウントにサインインしているユーザー全員にアクセス権限を与えます。
「他の誰も視聴できません」	選択すると、誰も視聴することができなくなります。

共有設定

「有効期限を設定してください」	チェックを付けると、録画を視聴できる期限を、最大1年間まで設定することができます。
「視聴者はダウンロードできます」	チェックを付けると、アクセスできるユーザーは誰でも録画をダウンロードできるようになります。
「視聴者はトランスクリプトを見ることができる」	チェックを付けると、録画に入力された字幕も同時に閲覧することができます。
「視聴するには、登録する必要があります」	チェックを付けると、アクセスできるユーザーは視聴する前に名前やメールアドレスの登録が必要になります。そのため、誰が視聴したのかを把握したいときには便利です。
「パスコード」	チェックを付けると、録画を視聴するためには、パスコードの入力が必要になります。8字以上であることなど条件はありますが、自由に設定できます。

クラウドレコーディングを
編集する

クラウドに保存したデータは、いつでも編集することができます。トリミングされたデータは上書きされますが、もとのデータに戻したい場合は、いつでも復元することが可能です。

▫ 保存したデータをトリミングする

❶ P.74手順❶〜❷を参考に Webブラウザーの自分のアカウント画面を表示します。

❷ [レコーディング] をクリックし、

❸ トリミングしたいミーティングをクリックします。

❹ ミーティングをクリックします。

❺ 録画が再生されます。画面の ✂ をクリックします。

第6章 Zoomの有料プラン・管理者の技

MEMO データの視聴者

アカウントの所有者がデータを編集している間は、閲覧を許可されているユーザーはデータにアクセスすることはできません。その代わり、編集されたあとのデータには、いつでもアクセスし、ダウンロードしたり自由に閲覧したりすることができます。ただし、所有者が設けている設定次第です（P.190参照）。

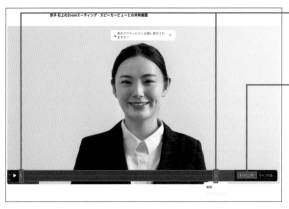

⑥ 青色のスライダーが再生バーの上に表示されるので、端の┃をドラッグしてトリミングしたい範囲を選択し、

⑦ [トリミング]をクリックします。

MEMO **削除する**

[削除]をクリックすると、データではなく、青く選択した範囲が削除されます。

⑧ [トリミング]をクリックします。

⑨ レコーディングがトリミングされます。

⑩ 復元したい場合は、[復元]をクリックします。

⑪ [復元]をクリックすると、編集する前のデータに復元されます。

COLUMN

新しいセクションを追加する

データに新しいセクションを追加したい場合は、手順⑥の画面で、選択していない再生バーの上にポインターを合わせ、╋が表示されたらクリックします。青色のスライダーが再度表示されるので、ドラッグしてセクションの開始時間と終了時間を設定します。

192

第7章

7

ウェビナーの技

ウェビナーの特徴を知る

「ウェビナー」（Webinar）とはウェブ（Web）とセミナー（Seminar）を組み合わせた造語で、インターネット上で開かれる講座やセミナーを意味します。Zoomはウェビナーの機能を備えており、参加するだけでなく、主催することもできます。

□ ウェビナーとは

　ウェビナーとは、オンラインセミナー、Webセミナーとも呼ばれ、会場に足を運ばなくても、自宅や会社で参加できるため、講演会や企業の研修、新製品発表会、就活セミナーなど、さまざまな用途で活用されています。コロナ禍でウェビナーの利用が格段に増え、一般的に定着し、オフライン（会場開催）とウェビナーを同時開催するセミナーも少なくありません。ウェビナーはミーティングとは異なり、基本的には登壇者のみが画面に映り、マイクとビデオのコントロールボタンが基本的にないため、参加者（一般の視聴者）の顔は映らず、音声も強制ミュートとなっています。しかし、参加者は視聴するだけでなく、チャットや質疑応答で質問をしたり賛意を表したりなど、インタラクティブなコミュニケーションも可能です。主催者（ホスト）から見ると、パソコンと通信環境があれば主催できるウェビナーは、会場よりも大幅にコストが削減でき、参加者のデータの収集も容易なため、参加者の傾向を掴む上でもメリットがあります。「Peatix」（https://peatix.com/）など告知サイトやSNSを活用することで、個人でも手軽にセミナーや講座を開くことができます。ウェビナーを配信できるアプリは多数リリースされていますが、Zoomにもウェビナー機能「Zoom Webinars」が搭載されており、多くのウェビナーで活用されています。500人から最大で1万人規模のウェビナーも主催でき、大人数が同時接続をしても映像や音声が途切れず、円滑に配信が行える点でも高い評価を得ています。

□ ウェビナーの主催に必要なこと

　ウェビナーへは、Zoomの無料アカウントのユーザーはもとより、Zoomアカウントを持っていなくても参加できますが、主催者（ホスト）としてウェビナーを主催するには、有料ライセンスの導入に加え、有料オプションの導入が必要です。

参加可能な視聴者数	月間	年間
出席者 500 名	10,700 円	92,800 円
出席者 1,000 名	45,700 円	457,000 円
出席者 3,000 名	133,100 円	1,330,600 円
出席者 5,000 名	334,700 円	3,346,600 円
出席者 10,000 名	872,300 円	8,722,600 円

▲ Zoom Webinarsの料金設定は視聴者数ごとに異なります。

▢ Zoom Webinarsでできること

オンラインでセミナーや講演を配信することを目的に設計されているZoom Webinars。オフラインで行われるセミナーや講座と同等のサービスが受けられるよう、多彩な機能が搭載されています。

● 1回30時間まで配信可能
　配信回数は無制限

どのプランであっても、1回につき30時間まで、回数無制限でウェビナーを配信できます。

● Facebook や YouTube で
　ライブストリーミング配信

ウェビナーをYouTubeやFacebookなどと連携し、ウェビナーと同時にライブストリーム配信が可能です。

● チャットや画像共有など
　Zoom Meetings と同様の機能

画面共有やチャット、ウェビナーの録画録音など、Zoom Meetingsと同様の機能を搭載しています。2023年4月現在、ブレイクアウトルームの機能のみウェビナーでは使用できません。

● 最大1万人規模の
　ミーティングが可能

プランに応じて、500～1万人以上の参加視聴が可能です。最も安価な月額1万円程度のプランでも、最大500人規模のウェビナーを主催できます。

● ウェビナー中の投票や
　アンケートの実施

参加者とインタラクティブなコミュニケーションが取れるよう、ウェビナー中にアンケートや投票などを行う機能が備わっています。アンケートなどの結果はレポートとしてダウンロードできます。

● 参加者データの収集

ウェビナーの参加には名前とメールアドレスの登録が必須なので、参加者のメールアドレスデータの収集が可能です。さまざまな質問項目をカスタマイズして追加できる事前登録機能を備えています。参加者の出席状況や途中離脱率なども確認できます。

SECTION
112
ウェビナーを利用するのに
必要なものを確認する

マイク、カメラ機能が付いたパソコンと、インターネット環境があれば、ウェビナーを配信することができます。さらに参加者を惹きつけ、より安定したウェビナーを行うために、おすすめしたいツールを紹介します。

□ 必要なツール

　Zoom Webinarsで配信されるウェビナーに参加するには、有料プランやオプションを導入する必要はありません。無料プランユーザーでも問題なく参加できます。参加者として視聴する場合は自らをカメラで映す必要がないため、音声を聞く機能が備わったパソコンやスマートフォン、タブレットなどのデバイスと、インターネット環境があれば、ウェビナーに参加することができます。

　一方、ウェビナーを配信するには、マイク、カメラ機能付きパソコンとインターネット環境があれば、可能です。また、安定したウェビナーの配信には、パソコンのパワーが不可欠です。パソコンは最低でもCore i7以上のCPUを搭載、メモリは8GB以上、できれば16GB以上を搭載することが望ましく、インターネット環境は最低でも10Mbpsの速度が適切です。

□ 安定配信のための補助ツール

Webカメラと三脚

　Webカメラを活用すれば、2,000～4,000円の安価なタイプであっても、パソコンに付属しているカメラを使うよりも、数倍は画像が鮮明になり明るく綺麗に映ります。WebカメラはZoomミーティングの際にはパソコンディスプレイの上部に取り付けて使うのが一般的ですが、ウェビナーで配信するときには三脚にセッティングして使うのがおすすめです。

　三脚を使えば好みの高さに調節でき、角度も調整できます。何より映像がブレることなく、安定して配信できるのが利点です。Webカメラ用の三脚も販売されていますので、ぜひ導入してください。

パソコン内蔵のマイクやWebカメラのマイクでは、音がこもったり聞こえにくかったりします。別途、外付けのマイクを使えば音質はアップし、聞き取りやすくなります。USB接続の外付けマイクやヘッドセットを活用しましょう。外付けマイクにはスタンド式や置き型、胸元に付けるクリップ式などがあります。身振り手振りを加えて話す場合や、場所を移動しながら話す場合や身体を動かす場合はクリップ式やヘッドセットにするなど、用途に合わせてツールを揃えましょう。

2台目のパソコン

ウェビナー中にパソコンが固まってしまうなど不測の事態に備えて、バックアップ用のパソコンを用意しておくと安心です。また、スライドなどを映したい場合は、登壇者を映すパソコンとは別にもう1台、パソコンを用意するのがおすすめです。登壇者とは別に操作スタッフが画面の切り替えなどを担当すれば、登壇者は画面切り替えの操作をすることなく、話すことに集中できます。

□ ウェビナー配信をさらにクオリティアップするツール

照明用ライト

登壇者にライトを当てるなど、照明を使うと画面が明るく鮮明になり、より見やすくなります。明るく見やすくなるだけで、参加者からの印象がよくなり、参加者の「見たい」「話を聞きたい」と思うモチベーションを持続するのに効果的です。

スイッチャー

複数のビデオカメラやパソコン、マイク音声などを使用する場合は、スイッチャーを導入すると取り回しが非常によくなります。スイッチャーに複数のマイクやビデオカメラ、パソコンなどを接続し、登壇者とは別のサポートスタッフがスイッチャーで画面を切り替えて配信します。複数のパネリストが参加するディスカッション、いくつかの会場を繋いだイベント、動画、スライドなどを多用したセミナーで活用すると、ウェビナーのクオリティが格段にアップします。

SECTION
113

ウェビナーに参加する

ウェビナーに参加の申込みをすると、主催者（ホスト）からURLが送付されます。ウェビナーによっては、事前に名前やメールアドレスの登録やアンケートへの回答などが必要な場合もあります。ウェビナーはURLやアプリから参加することができます。

□ URLから参加する

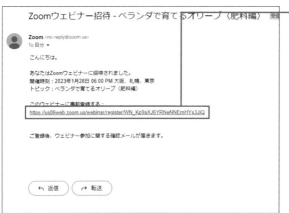

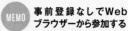

① 主催者（ホスト）からウェビナーへの招待メールが届いたら、「このウェビナーに事前登録する」のURLをクリックします。

MEMO **事前登録なしでWeb ブラウザーから参加する**

主催者（ホスト）からのメールに「このウェビナーに事前登録する」と明記がない場合は、登録は不要です。メールのURLをクリックし、画面の指示に従ってウェビナーに参加しましょう。

② Webブラウザーで「ウェビナー登録」画面が開くので、名前とメールアドレスを入力し、

③ [登録] をクリックします。

④ 自分のメールアドレス宛に確認メール（ここではHTMLメール）が届くので、ウェビナーの開始時間になったら、[ウェビナーに参加] をクリックします。テキストメールの場合はURLをクリックします。

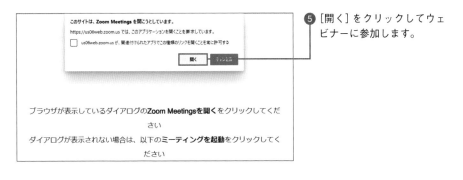

⑤ ［開く］をクリックしてウェ
ビナーに参加します。

□ Zoomのクライアントアプリから参加する

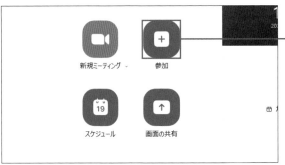

① 主催者（ホスト）から届いた
ウェビナーへの招待メール
に「このウェビナーに事前
登録する」とあれば、P.198
手順①～②を参考に事前登
録を済ませます。

② ウェビナーの開始時間に
なったら、Zoomクライア
ントアプリの［参加］をク
リックします。

③ 主催者（ホスト）から届いた
ウェビナーの確認メールに
ある「ウェビナーID」を入力
し、

④ ［参加］をクリックします。

⑤ 主催者（ホスト）から届いた
ウェビナーの確認メールに
ある「パスコード」を入力し、

⑥ ［ミーティングに参加］をク
リックすると、ウェビナー
に参加できます。

オーディオを設定する

ウェビナーでは、主催者（ホスト）やパネリストなど登壇者だけが画面に映り、参加者の顔は映りません。そうしたウェビナーの特質に合わせ、Zoom Webinarsでは参加者のビデオは使用不可に、音声は強制ミュートになっています。

□ オーディオを設定する

❶ ウェビナー画面で、［設定］をクリックします。

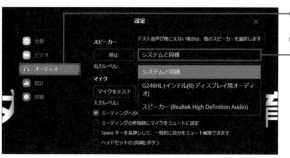

❷ ［オーディオ］をクリックし、

❸ 「スピーカー」の［システムと同様］をクリックして、プルダウンメニューから出力を切り替えます。

COLUMN

参加者のビデオ設定・オーディオ設定

Zoom Webinarsの参加者は、オーディオ設定をしなくても、自動的にカメラは使用不可となっており、音声も強制ミュートされています。参加者自身でビデオをオンにしたり音声ミュートを解除したりすることはできないので、とくに設定する必要はありません。

ウェビナーの基本画面を確認する

WebブラウザーでZoom Webinarsを主催している画面です。ウェビナー中は、主催者（ホスト）はパネリストと参加者の管理を行います。参加者を確認できるのは、主催者（ホスト）とパネリストのみです。

□ Zoom Webinarsの画面構成

①	ウェビナーの配信ビューです。主催者（ホスト）やパネリストは、参加者を確認することができます。
②	音声の出力を設定します。参加者にはマイクボタンは表示されません。
③	カメラの切り替えができます。参加者にはビデオボタンは表示されません。
④	参加者の名前と人数を確認することができます。
⑤	質疑応答で使うQ＆A機能です。クリックするとQ＆Aウィンドウが表示されます。
⑥	投票機能です。クリックすると作成した投票やクイズを行うことができます。

⑦	参加者からの問いかけに使用するチャット機能です。チャットを受信すると、バッジが表示されます。
⑧	参加者と画面を共有することができます。
⑨	ウェビナーのレコーディングが行えます。
⑩	主催者（ホスト）が字幕を配信している場合に限り、クリックで字幕を表示できます。
⑪	クリックすると意思表示アイコンが表示され、反応を示すことができます。
⑫	新しいアプリを探したり連携済みのアプリを使用したりすることができます。
⑬	ホワイトボード機能を利用することができます。
⑭	ウェビナーを終了することができます。

SECTION
116

質問をする

ウェビナーの参加者が質問するには、「チャット」と「Q＆A」の2つの機能があります。チャットは「声が聞こえません」など、進行上のメッセージや賛否を伝えるのに使用され、Q＆Aは内容についての質疑応答に使われることが一般的です。

□ チャットで質問する

❶ ウェビナー画面で、[チャット] をクリックします。

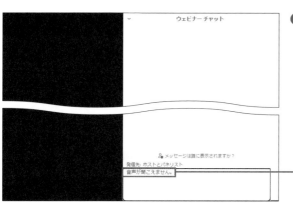

❷ 画面右側にチャット画面が表示されるので、下部の入力欄に、メッセージを入力し、[Enter] を押します。

❸ メッセージが主催者（ホスト）・パネリストに送信されます。

□ Q&Aウインドウで質問する

❶ ウェビナー画面で、[Q & A] をクリックします。

❷ 「Q & A ウインドウ」が表示されるので、いちばん下にある [質問をここに入力してください…] をクリックします。

❸ 質問を入力し、

❹ 主催者 (ホスト) が匿名での送信を許可している場合は、任意で「匿名で送信」の ○ をクリックして、

❺ [送信] をクリックします。

❻ 質問が主催者 (ホスト)・パネリストに送信されます。

コメントに反応をする

ウェビナー参加者は、「意思表示アイコン」「挙手」「チャット」の3つの機能で主催者（ホスト）・パネリストに意思表示することができます。意思表示アイコンの使用には有効化設定が必要なので、事前に行っておきましょう。

▢ 意志表示アイコンを使う

① ウェビナー画面で、[リアクション]をクリックします。

> **MEMO 意思表示アイコンを有効化する**
>
> 意思表示アイコンは、初期設定ではオフになっているので、利用できない場合は、P.95を参考に有効化してください。

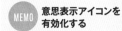

② 気持ちを表すリアクションアイコンが表示されるので、任意のアイコンをクリックします。

③ アイコンが配信画面下部から上方向に上昇していき、ウェビナー全出席者の画面に表示されます。

□ チャットでアイコンを送信する

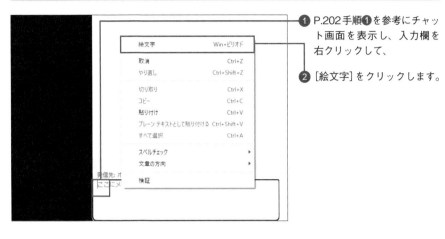

1 P.202手順①を参考にチャット画面を表示し、入力欄を右クリックして、

2 [絵文字] をクリックします。

3 絵文字が一覧で表示されるので、任意のアイコンをクリックします。

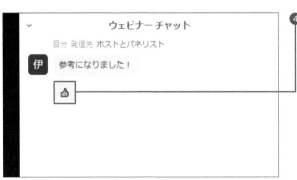

4 手順③で選択したアイコンが表示され、主催者（ホスト）・パネリストにも送信されます。

ミュートを解除する

通常、参加者の音声は強制ミュートになっていますが、主催者（ホスト）・パネリストがミュート解除を促すことで、視聴者もウェビナーで発言することができます。参加者のビデオはオンにできないしくみなので、参加者の顔が映ることはありません。

□ ミュートを解除して発言する

❶ 主催者（ホスト）・パネリストがミュート解除を促すと、「ホストがあなたのミュートを解除することを求めています」と表示されるので、[ミュート解除]をクリックします。

❷ ミュートを解除したあとは、主催者（ホスト）・パネリストがミュートしない限り、自分でオン／オフを切り替えられます。

MEMO マイクボタンの出現

主催者（ホスト）・パネリストがミュート解除を促すと、許可された参加者の画面にマイクボタンが表示されます。ミュート解除することによってマイクを使用できます。

--- COLUMN ---

参加者にミュート解除を促す

ウェビナー画面で[参加者]→[出席者]の順にクリックし、ミュートを解除したい参加者の名前にポインターを合わせ、表示される[トークを許可]をクリックすると、参加者の画面には手順❶の画面が表示されます。参加者がミュートを解除しないときは、[ミュート解除を求める]をクリックすると、再度解除を求めることができます。

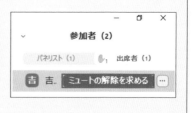

ウェビナーから退出する

ウェビナーの参加者はウェビナーから自由に途中退出することが可能です。オンラインミーティングとは異なりビデオがオフなので主催者（ホスト）やほかの参加者から顔や姿が見えない分、途中退出しやすいともいえます。

□ ウェビナーから退出する

❶ ウェビナー画面で、［退出］をクリックします。

❷ ［ウェビナーから退出します。］をクリックすると、途中退出できます。

--- COLUMN ---

途中退出すると主催者(ホスト)にわかる?

Zoom Meetingsとは異なり、Zoom Webinarsでは参加者の名前は画面には表示されません。しかし、主催者（ホスト）からは参加者全員の出席状況が確認できるため、参加者の途中入室も退出も一目でわかります。

SECTION 120

ウェビナーの主催準備を行う

Zoom Webinars を利用するには、まず有料アカウントの作成が必要です。無料アカウントを取得しているなら、有料ライセンスの購入で有料アカウントへとアップグレードできます。そのうえで Zoom Webinars の有料オプションプランを購入しましょう。

□ ウェビナーの有料プランを購入する

① P.26手順❶を参考にWebブラウザー（ここではChrome）で（https://zoom.us/）にアクセスし、

② ［マイアカウント］をクリックします。

MEMO 有料アカウントを登録

ウェビナーを利用するには、Zoomの有料アカウントを登録している必要があります。取得していない場合は、P.164を参考にアップグレードしてください。

③ 自分のアカウント画面が表示されるので［アカウント管理］をクリックし、

④ ［請求］をクリックします。

⑤ 「他の購入プランにご興味がおありですか？」にある「Zoom Webinars」の［カートに追加］をクリックします。

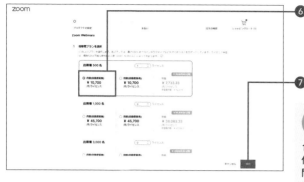

⑥ 最大出席者数ごとに４つの視聴者プランが用意されています。任意のプランの支払い形態をクリックし、

⑦ [続行] をクリックします。

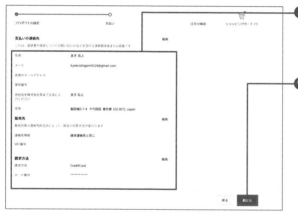

⑧ 有料アカウント登録時に入力した名前、メールアドレス、住所などが表示されるので確認または編集し、

⑨ [続ける] をクリックします。

⑩ 金額や支払い形式を確認し、[発注] をクリックします。「アカウントのアップデートが完了」と表示されればZoom Webinars の有料プランのライセンス購入が完了です。

ウェビナーを
スケジュールする

ウェビナーを主催する際、まずは予約設定を行います。予約設定には日時のほか、参加者の「事前登録」の有無や「練習セッション」の有効化など、さまざまな設定が行えます。設定が完了すると、参加者に送る招待メールのひな型も自動作成されます。

□ ウェビナーの予約設定をする

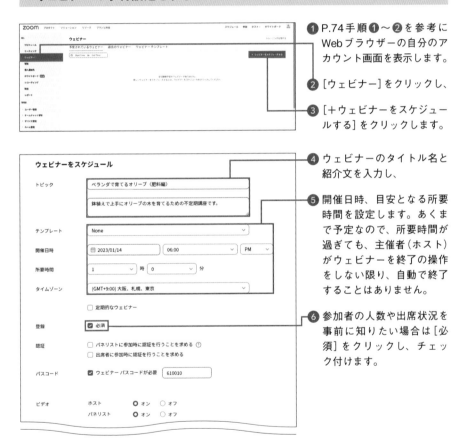

❶ P.74手順❶〜❷を参考にWebブラウザーの自分のアカウント画面を表示します。

❷ [ウェビナー]をクリックし、

❸ [+ウェビナーをスケジュールする]をクリックします。

❹ ウェビナーのタイトル名と紹介文を入力し、

❺ 開催日時、目安となる所要時間を設定します。あくまで予定なので、所要時間が過ぎても、主催者(ホスト)がウェビナーを終了の操作をしない限り、自動で終了することはありません。

❻ 参加者の人数や出席状況を事前に知りたい場合は[必須]をクリックし、チェック付けます。

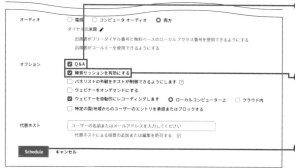

7 [Q & A] をクリックして
チェックを付けると、ウェ
ビナー配信時に質問と回答
のパネルを使用できます。

8 [練習セッションを有効にす
る] をクリックしてチェッ
クを付けると、配信前にリ
ハーサルが行えます。

9 設定が完了したら、[Sche
dule] をクリックします。

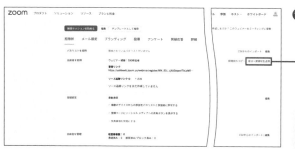

10 ウェビナーのスケジュール
（ウェビナーへの参加URL
などを含んだ招待状）が自
動生成されます。[自分へ招
待状を送信] をクリックし
ます。

MEMO **スケジュールを
編集する**

[編集]をクリックすると、スケジュー
ルされたウェビナーを編集すること
ができます。

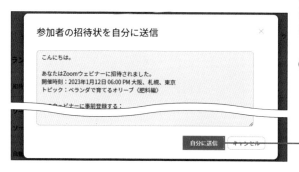

11 [自分に送信] をクリックす
ると、自分のメールアドレ
ス宛に招待状を送付できる
ので、受信した招待メール
を招待したい人に転送しま
しょう。

COLUMN

スケジュール項目の「登録」と「認証」について

ウェビナーの予約設定の項目の中で、とくに気を付けたいのが「登録」と「認証」です。「登録」とは、
ウェビナーへの参加者に、「事前登録」を求める機能です。「登録」の横にある「必須」にチェックを付
けると、参加者は事前に名前やメールアドレスを登録することが必要になります。事前登録を活用
することで、主催者（ホスト）は事前におおまかな参加人数をあらかじめ知ることができます。また、
手順⑩の画面で「登録」「アンケート」「質疑応答」タブが表示され、参加者に登録を促すことが可能で
す。「認証」とは、Zoomへの認証を意味します。「認証」にチェックを付けると、パネリストや参加者
はZoomユーザーに限定されます。幅広く参加してほしい場合はこのチェックを外しましょう。

事前登録の項目を
カスタマイズする

ウェビナーに参加する前に、「事前登録」で参加者に名前やメールアドレスなどを記入
してもらいます。初期設定では記入項目は、名前とメールアドレスだけですが、カスタ
マイズすることで、居住地域や職業、アンケートや質問なども加えることができます。

□ 登録項目を追加する

❶ P.74手順❶〜❷を参考に
Webブラウザーの自分のア
カウント画面を表示します。

❷ [ウェビナー]をクリックし、

❸ 登録項目を追加したいウェ
ビナーのタイトルをクリッ
クします。

❹ 「登録設定」の[編集]をク
リックします。

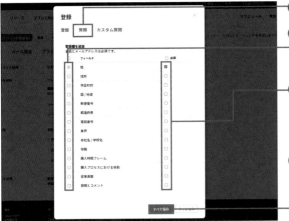

❺ [質問]をクリックし、

❻ 参加者から収集したい個人
情報の項目にチェックを付
けます。

❼ 必須で記入してもらいたい
項目は、「必須」の列にある
チェックボックスにチェッ
クを付けます。

❽ 設定が完了したら[すべて
保存]をクリックします。

⑨ 独自の質問を追加したい場合は[カスタム質問]をクリックし、

⑩ [新しい質問]をクリックします。

⑪ [短文回答]をクリックし、

⑫ 任意の質問形式(ここでは[単一回答])をクリックします。

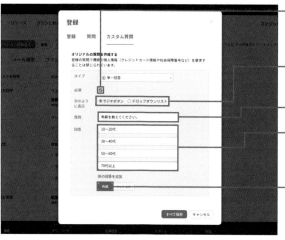

⑬ この質問への回答が必須でない場合はチェックを外します。

⑭ 「単一回答」の場合のみ、回答形式の選択が必要です。

⑮ 質問文を入力し、

⑯ 回答の選択肢の内容を入力して、

⑰ 質問の作成が完了したら[作成]をクリックします。

⑱ [すべて保存]をクリックします。

SECTION 123 ウェビナーで チケットを販売する

Zoom Webinarsの決済機能は、クレジットカードのほか「PayPal」での決済サービスが備わっています。しかし、日本での利用が一般的ではないため、広く利用され、チケット販売が行える集客サイトと連携するとよいでしょう。

□ ウェビナーの集客サイトを活用する

　ウェビナーを使ったオンラインセミナーや講演は、参加を有料にすることで収益化することが可能です。Zoom Webinarsには一部の決済機能しか備わっていないため、必要であれば別のオンライン決済サービスを利用しましょう。決済機能を備えたウェビナーの集客サイトであれば、個人でもかんたんに有料ウェビナーの主催と告知を行うことができます。こうしたサイトの代表格が「Peatix」です。アメリカ発のイベント管理システムであり、登録ユーザーは700万人以上いるので、多くの人にウェビナーの情報を届けることができます。Peatixは、無料イベントを主催する場合は初期費用や月額料金、手数料なども一切かからず、有料化した場合でも収益の5％程度を支払うしくみなので、手軽に始められます。Peatixでウェビナーを主催するには、まずアカウントを作成し、集客のためのマイページを作成して、有料のウェビナーを告知する流れになります。

ウェビナー集客サイトの代表格の「Peatix」は、オフライン・オンラインともに多彩なイベントを告知できます。個人が運営するイベントも多く紹介されています。

◀ Peatix
https://peatix.com/

□ グループを作成する

❶ Webブラウザーで Peatix にサインインして、アカウントの表示名をクリックし、

❷ [マイグループ／イベント]をクリックします。

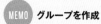

③ ［グループ／イベントを始める］→［さあ始めよう！］の順にクリックします。

> **MEMO グループを作成**
>
> 「グループ」とは、イベント主催者（ホスト）のプロフィールページのことです。Peatixにログインして、主催するウェビナーの内容が伝わるようなグループを作成します。

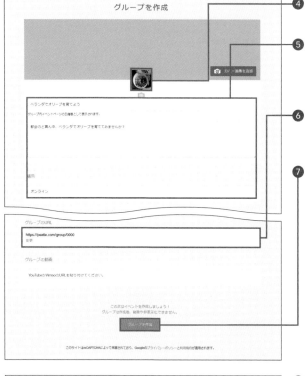

④ ウェビナーのイメージを伝えるアイコン画像を設定し、

⑤ ウェビナーを告知するためのグループ名、ウェビナーの内容、場所など必要事項を記入します。

⑥ Zoom Webinarsでウェビナーの予定を作成した場合は、生成した参加URLを入力し、

⑦ ［グループを作成］をクリックします。

⑧ 告知用のマイページが表示されます。

□ 有料のウェビナーイベントの告知と決済ページを作成する

❶ P.215手順❽の画面で、「開催予定のイベント」の［イベントを作成］をクリックします。

❷ グループ名がウェビナーのタイトルとしてあらかじめ記載されているので必要があれば修正し、

❸ 開催形式（ここでは［オンラインイベント］）をクリックして、

❹ 開始日時と終了日時を設定します。

❺ ［配信設定に進む］をクリックします。

❻ Zoom Webinarsで設定した配信URLリンクを入力し、

❼ イベントへの参加方法を入力して、

❽ ［チケットに進む］をクリックします。

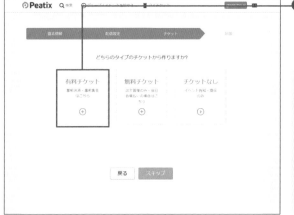

❾ 作成したいチケット（ここでは［有料チケット］）をクリックします。

MEMO チケットの種類

有料チケットの販売時のみ、決済処理費用として販売実績の5%程度をPeatixに支払うしくみです（2023年4月現在。詳しくはPeatixサイトを参照してください）。無料チケットの販売やチケットなしのウェビナーも可能です。無料の場合は手数料はかかりません。

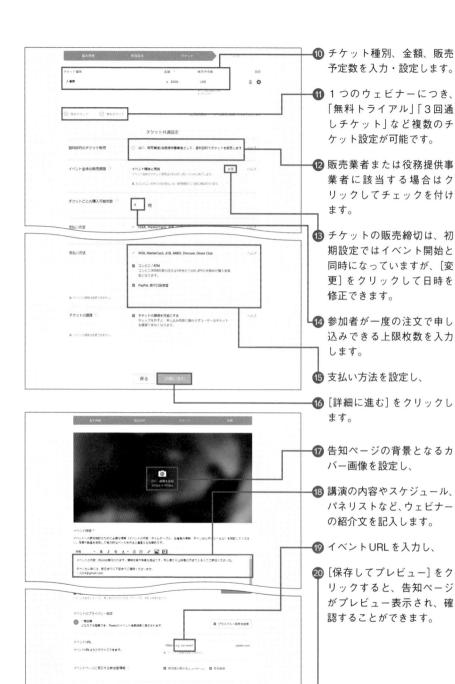

⑩ チケット種別、金額、販売予定数を入力・設定します。

⑪ 1つのウェビナーにつき、「無料トライアル」「3回通しチケット」など複数のチケット設定が可能です。

⑫ 販売業者または役務提供事業者に該当する場合はクリックしてチェックを付けます。

⑬ チケットの販売締切は、初期設定ではイベント開始と同時になっていますが、[変更] をクリックして日時を修正できます。

⑭ 参加者が一度の注文で申し込みできる上限枚数を入力します。

⑮ 支払い方法を設定し、

⑯ [詳細に進む] をクリックします。

⑰ 告知ページの背景となるカバー画像を設定し、

⑱ 講演の内容やスケジュール、パネリストなど、ウェビナーの紹介文を記入します。

⑲ イベントURLを入力し、

⑳ [保存してプレビュー] をクリックすると、告知ページがプレビュー表示され、確認することができます。

217

参加者を招待する

ウェビナーに参加してほしい人には、招待メールを送付します。ウェビナーの予約設定を行うと自動生成される「招待メール」を活用しましょう。招待メールには参加URLのほか、Zoomアプリで参加する際に使用するウェビナーIDやパスワードも明記されています。

□ 参加者を招待する

❶ P.212手順❶〜❸を参考に ウェビナー画面を表示し、

❷ [招待状のコピー] をクリックします。

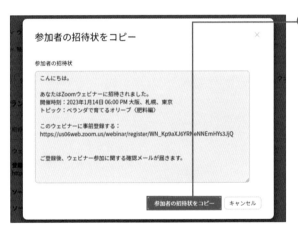

❸ [参加者の招待状をコピー] をクリックすると、クリップボードに招待メールの文面がコピーされるので、メールやSNSなどに貼り付けて参加者に送付します。

□ パネリストを招待する

❶ P.212手順❶〜❸を参考に ウェビナー画面を表示し、 「パネリストを招待」の [編集] をクリックします。

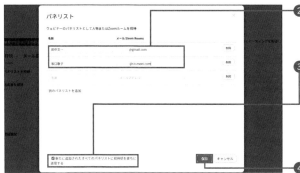

② パネリストとして招待した
い人の名前とメールアドレ
スを入力し、

③ 手順②で入力した相手に自
動的にパネリスト招待の
メールを送付します。初期
設定ではチェック済みなの
で、別途送付したい場合は
チェックを外します。

④ [保存]をクリックします。

□ パネリストをCSVファイルから招待する

① P.212手順①〜③を参考に
ウェビナー画面を表示し、
「パネリストを招待」の
[CSVからのインポート]を
クリックします。

② インポート後にパネリスト
招待のメールを送付します。
初期設定ではチェック済み
なので、別途送付したい場
合はチェックを外します。

③ [インポート]をクリックし
て取り込むCSVファイルを
選択し、リストを取り込み
ます。

COLUMN

パネリストとは

パネリストとは、主催者（ホスト）とともに講演や討論を行うウェビナーの出演者や運営者です。パ
ネリストに指定されれば、主催者（ホスト）と同様にビデオや音声が有効となり、顔を映して発言で
きるようになります。加えて、資料や画像の画面共有、ビデオや音声のオン／オフ参加者への質問
や投票、チャットやQ＆Aでの応答などの権限も付与されます。パネリストを招待するには、一般
のウェビナー参加者と別に、パネリストとして招待し、パネリスト専用の参加URLを発行する必要
があります。

SECTION
125

ウェビナーを主催する

主催者（ホスト）としてウェビナーを主催する際には、Zoomアプリでなければ使えない機能があるため、Webブラウザーでなく Zoom アプリを使いましょう。本番前には「練習セッション」を行い、ビデオや音声などの設定を事前に行うのがおすすめです。

□ クライアントアプリから主催する

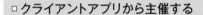

1 Zoom クライアントアプリにサインインして、［ミーティング］をクリックします。

2 ［予定］をクリックし、

3 主催したいウェビナーの［開始］をクリックします。

> **MEMO** 練習セッション
>
> ウェビナーをスケジュールするとき、練習セッションを有効にしていると、本番前のリハーサルを行える練習セッションが実行されます（P.211手順**8**参照）。無効にしていると、ウェビナーがスタートします。

4 ウェビナーの練習セッションが開始します。任意でスピーカーやマイクの音量を調整します。

⑤ 準備が整ったら画面上部の
[ウェビナーを開始] をク
リックします。

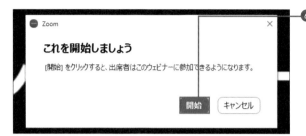

⑥ [開始] をクリックすると、
ウェビナー（本番）が開始さ
れます。告知しているウェ
ビナー開始時刻より早めに
スタートしておくと、スムー
ズに開演できます。

⑦ 画面下部の [参加者] をク
リックします。

⑧ 画面右側に「参加者」画面が
表示されます。ウェビナー
開始後に、参加するパネリ
ストや出席者の人数や名前
などをリアルタイムで確認
できます。

□ Webブラウザーから主催する

① P.74手順①〜②を参考に
Webブラウザーの自分のア
カウント画面を表示します。

② [ウェビナー] をクリックし、

③ 主催したいウェビナーの [練
習セッションを始める] ま
たは [開始] をクリックしま
す。

ウェビナーを
YouTubeで配信する

Zoom Webinars は、YouTube や Facebook などと連携してライブストリーミング配信を行ったり、ウェビナーを保存し、ウェビナー後にオンデマンド配信したりすることもできます。ここでは「YouTube Live」を使ってライブ配信します。

▫ YouTubeとの連携設定を行う

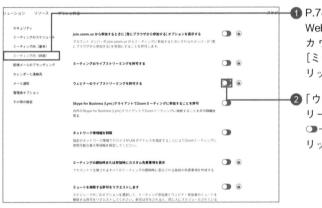

1 P.74手順 ❶〜❷ を参考に Web ブラウザーの自分のアカウント画面を表示し、[ミーティング（詳細）]をクリックして、

2 「ウェビナーのライブストリーミングを許可する」の ◯● → [有効にする]の順にクリックしてオンにします。

▫ YouTube側の設定を行う

1 Web ブラウザーで YouTube にサインインして、自分のアカウントアイコンをクリックし、

2 [設定] → 「YouTube チャンネル」の[チャンネルのステータスと機能]の順にクリックします。

MEMO **YouTubeの設定**

ライブ配信を行うには、「YouTubeアカウントの取得」「ステータスの確認と取得」「ライブ配信の申請」が必要です。

③ 初回では［続行］をクリックしたあと、「中級者向け機能」の ⌄ をクリックし、

④ ［電話番号を確認］をクリックして、画面の指示に従って機能を有効にします。

⑤ P.222下部の手順❶の画面で⊕をクリックし、

⑥ ［ライブ配信を開始］をクリックします。ライブ配信の初回のみ、申請が必要です。認定までに24時間かかります。

□ YouTubeでウェビナーを配信する

① ウェビナー画面で、［詳細］をクリックし、

② ［YouTubeにてライブ中］をクリックします。

③ Googleアカウントへのアクセスウインドウが表示されたら、2つの項目をクリックしてチェックを付けて、

④ ［続行］をクリックします。

MEMO **動作が異なる場合**

環境によって画面が異なる場合があります。

⑤ ウェビナーとタイトルと配信対象を確認・選択し、

⑥ ［ライブへ］をクリックすると、YouTubeサイトが表示され、ウェビナーのライブ配信が始まります。

□ 録画したウェビナーをYouTubeで配信する

① P.74手順①～②を参考にWebブラウザーの自分のアカウント画面を表示します。

② [レコーディング] をクリックします。

③ 配信したいウェビナーをクリックします。

④ ウェビナーをクリックします。

⑤ [ダウンロード] をクリックします。

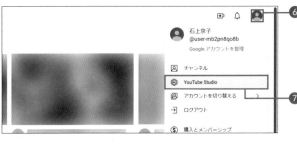

⑥ ダウンロードが完了したら、WebブラウザーでYouTubeにサインインして、自分のアカウントアイコンをクリックし、

⑦ [YouTube Studio] をクリックします。

224

⑧ [作成] をクリックし、

⑨ [動画をアップロード] をク
リックします。

⑩ [ファイルを選択] をクリッ
クします。

⑪ ダウンロードした動画をク
リックし、

⑫ [開く] をクリックします。

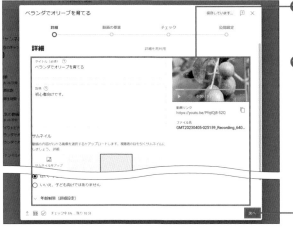

⑬ 動画のタイトルや説明、サ
ムネイルなどを入力・設定
し、

⑭ [次へ] をクリックします。

⑮ 公開される動画に著作権な
どの問題がないかチェック
されます。チェックが完了
したら［次へ］をクリックし
ます。

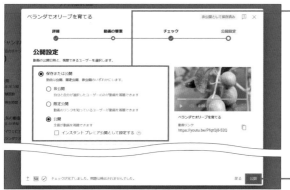

⑯ 公開設定をし、

⑰ ［公開］をクリックします。

⑱ 動画が公開されます。［閉じ
る］をクリックします。

**MEMO 動画のリンクを
コピーする**

□をクリックすると、URLがコピー
されるので、共有したい相手に送
信すれば、リンクからかんたんに
動画を閲覧することができます。

COLUMN

ウェビナーを録画する

YouTubeでライブ配信したウェビナーは、YouTubeで登録し
た自分のアカウント内に自動保存されますが、Zoomのアカ
ウント内に保存するには、P.223手順❶の画面で［クラウドに
レコーディング］をクリックしする必要があります。ライブ
配信を開始する前や配信中に有効にすることができます。停
止するには、［レコーディングを停止］をクリックします。

Q&A機能を設定する

質疑応答を行うには、Q & A機能の設定が必要です。オンになっていない場合は、ZoomのWebポータルの設定画面からオンにして使えるようにしましょう。また、Q & Aの詳細はウェビナー画面から設定することができます。

Q&A機能を有効にする

❶ P.74手順❶～❷を参考に Web ブラウザーの自分のアカウント画面を表示します。

❷ [アカウント管理] をクリックし、

❸ [アカウント設定] をクリックします。

❹ [ミーティング内 (詳細)] をクリックし、

❺ 「ウェビナーに関するQ & A」の ◯● をクリックしてオンにします。

ウェビナー画面で詳細を設定する

❶ P.224手順❶を参考にQ & Aウインドウを表示します。

❷ ✿ をクリックして、

❸ 匿名の質問や回答の閲覧などの許可を設定します。

参加者の質問に回答する

参加者からの質問を受け付けるには、質問と回答がLINEのトーク画面のように表示されるQ＆A機能が便利です。参加者から主催者（ホスト）・パネリストへの問いかけにはチャット機能も使用できるので、使い分けましょう。

□ Q&Aウィンドウに回答する

❶ ウェビナー画面で、Web視聴者がQ＆A機能を使って質問する（P.203参照）と、バッジが表示されるので、[Q＆A]をクリックします。

❷ 質問が表示されるので、回答方法（ここでは[ライブで回答]）をクリックし、ライブにて口頭で回答します。

COLUMN

回答を入力する

手順❷の画面で、[回答を入力]をクリックすると、回答欄が表示されます。回答を入力し[送信]をクリックすると、全員の画面のQ＆Aウインドウに回答が表示されます。口頭で答えながらも、文字でも説明したいときに便利です。また、[プライベートに送信]をクリックしてチェックを付けると、回答は質問した視聴者にのみ送信されます。

Zoom MeetingsとZoom Webinarsの違い

Zoomといえばオンライン会議で使用する「Zoom Meetings」が知られていますが、「Zoom Meetings」と「Zoom Webinars」は何が違うのでしょうか。

いずれも招待方法や参加方法はほぼ同じですが、使う目的に大きな違いがあります。

Zoom Meetingsは、会議スタイルを前提に作られており、参加者全員が双方向にコミュニケーションを取ることを目的としています。基本的に参加者全員の画面が映り、カメラオフにしてもユーザー名は画面上に表示され、参加者同士で誰が参加しているかがわかる状態です。

一方、Zoom Webinarsは基本的に登壇者のみが画面に映し出され、参加者は顔出しせず視聴するセミナースタイルです。最大参加人数にも大きな違いがあり、Zoom Meetingsは最大1,000人までの参加が可能ですが（100人以上は有料ライセンスが必要）、Zoom Webinarsは500人から最大で50,000人までの参加が可能となっています（最大参加人数はプランによって異なります）。

Zoom Webinarsは有料アカウント限定である点、収益化オプションを搭載している点も大きな違いです。とはいえ500人規模のウェビナーを、最安で月間12,000円（プロプラン＋ Zoom Webinars有料アドオン導入）で開催できるのですから、トライアルで無料ウェビナーを行うのであれば、オフラインでイベントを行うよりかなり安価で手間もかかりません。

このほか、Zoom Webinarsは、Zoom Meetingsにはない、セミナーや講演会の際に便利な「Q & A」や「投票」、参加者が参加申し込みをする際にアンケートを設定する機能や、参加者データの分析機能なども備わっています。

Zoom Meetingsで行える「チャット機能」や「画像・動画の共有」も利用できるため、登壇者がスライドや画像、動画を画面上に映したり、チャットで参加者とやり取りすることも可能です。

ここが違う！ Zoom MeetingsとZoom Webinarsの機能

機能	Zoom Meetings	Zoom Webinars
参加者リストの閲覧	メンバー全員が可	主催者（ホスト）や パネリストのみ
最大参加人数	・100人まで無料 ・500人〜1,000人 　（有料ライセンスによる）	500人〜50,000人 （有料プランによる）
ビデオの共有	初期設定は全員オン	視聴者は常にオフ
音声の共有	初期設定は全員オン	視聴者は原則としてオフ
画面共有の開始	主催者（ホスト）が許可すれば 参加者も可	視聴者は一切禁止
ファイル共有	○	○
マーケティング機能	×	○
収益化オプション	×	○
チャット機能	○	○
Q&A機能	×	○
挙手機能	○	○
投票機能	○	○
ブレイクアウトルーム	○	×
ライブ配信	○	○

そのほか　Zoom MeetingsとZoom Webinarsの比較

	Zoom Meetings	Zoom Webinars
費用	無料または有料プランの料金	有料プランの料金に加えて Zoom Webinars の料金（10,700円／月〜）
適した用途（規模）	・顧客対応会議 ・営業会議 ・研修会 （小規模〜大規模、2人以上）	・四半期ごとのミーティング ・講演 ・マスコミ説明会 ・製品のデモ ・ワークショップ ・社内トレーニング （大規模なイベントや公共放送、50人以上の参加者）
目的	参加者同士のセッション など	1人または数人の講演者からの発信など
主な利用者	・一般社員 ・研修グループ ・社内グループ	・イベントの運営者 ・企業の役員や経営幹部
参加者の定員	最大100人〜1,000人	500〜50,000人
参加者の種類	・主催者（ホスト） ・参加者 そのほか→共同ホスト／代替ホスト	・主催者（ホスト） ・パネリスト ・出席者 そのほか→共同ホスト／代替ホスト
音声	・主催者（ホスト）は参加時にすべての参加者の音声をオフにすることや、参加者に対して音声のオン／オフのリクエストができる ・参加者全員が音声のオン／オフを切り替えられる	・主催者（ホスト）とパネリストは自分の音声のオン／オフを切り替えられる ・出席者は視聴者専用モード（主催者（ホスト）や共同ホストが発言を許可すると、マイクを有効にしたり、自分の音声のオン／オフを切り替えたりできる）での参加
画面	参加者全員の画面が見られる	主催者（ホスト）とパネリストの画面が見られる

 Zoom IQとは

Zoom IQは、Zoomが提供する営業チーム向け支援ツールです。Zoom Meetingsで行われた商談内容をAIが分析し、「早口でなかったか」「えーっと、などの接続詞を多用していなかったか」といったフィードバックを提供したり、顧客の反応からより効果的な戦略を導き出したりして、取引の成立を後押しします。利用には、ビジネスプラン以上のアカウントでZoomに問い合わせて、オプションの追加が必要です。また、2023年3月にZoom IQはOpen AIとの連携を発表しました。これによって、チャットやミーティング内容のリアルタイム要約などが可能になります。2023年4月現在は、一部のユーザーに招待制で公開されているだけですが、今後全ユーザーにも公開される予定です。

第 8 章

スマートフォンや
タブレットの技

Zoomモバイルアプリを
利用する

Zoomは、パソコンのほか、iPhoneやAndroidスマートフォン、iPadなどといったさまざまなデバイスからアクセスし、利用することができます。出先からでもチャットを確認したりミーティングに参加したりして、よりアクティブに使用可能です。

▫ Zoomモバイルアプリの特徴

Zoomのモバイルアプリは、iPhoneやiPadで利用できるiOS版と、Android搭載のスマートフォンやタブレットで利用できるAndroid版の2種類が提供されており、それぞれ無料で利用できます。パソコンと比較して、使用できる機能に制限がある場合などはありますが、使用感は変わりません。iOS版とAndroidスマートフォン版では、操作や機能において大きな差はありませんが、一部の機能が片方で使用できないといったことがあるため、注意が必要です。

利用するにはiOS版であれば「App Store」アプリから、Androidスマートフォン版であれば「Play ストア」アプリから、インストールします。モバイルアプリからでもZoomミーティングの主催・参加、チャットでメッセージのやり取りや確認、チャンネルの作成、画面共有、ウェビナーへの参加などができます。また、手軽に持ち運べるため、いつでもどこからでも、業務を進行可能です。用途に合わせて使い分けましょう。

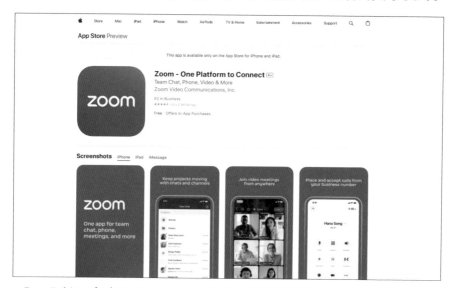

▲ Zoom モバイルアプリ（https://apps.apple.com/us/app/id546505307）

□ Zoomモバイルアプリの利用を開始する

① 「App Store」（Androidでは「Play スト
ア」）アプリの検索フィードに「zoom」と
入力し、

② 表 示 さ れ る「zoom-One Platform to
Connect」アプリの［入手］（Androidでは
［インストール］）をタップしてアプリを
インストールします。

③ Zoomモバイルアプリを起動し、［サイ
ンイン］をタップします。

④ メールアドレスとパスワードを入力し、

⑤ ［サインイン］をタップします。

⑥ Zoomが利用できます。

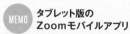 **タブレット版の
Zoomモバイルアプリ**

タブレット版でもスマートフォンと同様に、Zoom
モバイルアプリをインストールして利用することが
できます。パソコンと比べて持ち運びしやすいほ
か、iPhoneやAndroidスマートフォンと比べて
画面が大きく、参加者などを見やすいことが特徴
です。

SECTION
130

ミーティングに参加する

Zoomでは、主催者(ホスト)からメールなどで招待されることで、ミーティングに参加することができます。方法としては、送られてきたURLやミーティングIDなどからかんたんに入室可能です。参加にはZoomモバイルアプリのインストールが必要です。

□ URLから参加する

① 主催者(ホスト)から送られてきたメールに明記されているミーティングURLをタップします。

② [OK]をタップします(Androidでは[WiFiまたは携帯のデータ]をタップして参加します)。

③ [参加]をタップします。

④ [OK]をタップします。

⑤ [WiFiまたは携帯のデータ]をタップして参加します。

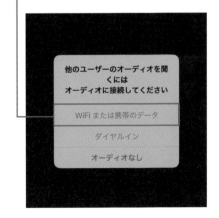

234

□ Zoomモバイルアプリから参加する

① Zoomモバイルアプリを起動し、[参加]
をタップします。

② ミーティングIDとスクリーンネームを
入力し、

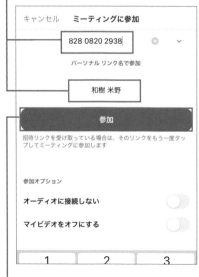

③ [参加] をタップします。

④ ミーティングパスコードを入力し、

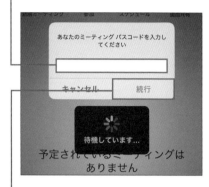

⑤ [続行]（Androidでは [OK]）をタップし
ます。

⑥ [参加]（Androidでは [WiFiまたは携帯
のデータ]）をタップします。

マイクのオン／オフを
切り替える

ミーティング中でも、自由にマイクのオン／オフを切り替えることができます。なお、主催者（ホスト）は参加者のマイクをミュートに変更できますが、再度オンにすることはできないため、参加者の操作が必要です。

□ マイクのオン／オフを切り替える

1 ミーティング画面で［ミュート］をタップします。

2 マイクがオフになります。

3 再度オンにしたい場合は、［ミュート解除］をタップします。

4 マイクがオンになります。

COLUMN

参加者がミュートになっているかを確認する

ミーティング画面で［参加者］をタップすると、参加者の名前とマイクやカメラの状態が一目でわかります。主催者（ホスト）は状況に応じて、ビデオの停止やマイクをオフにできますが、再度オンにするためには、参加者にビデオの開始を要請したりミュートの解除を求めたりする必要があります。

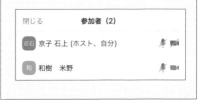

カメラのオン／オフを 切り替える

ミーティング中でも、自由にカメラのオン／オフを切り替えることができます。なお、主催者（ホスト）は参加者のカメラをオフに変更できますが、再度オンにすることはできないため、参加者の操作が必要です。

□ カメラのオン／オフを切り替える

① ミーティング画面で［ビデオの停止］を
タップします。

② カメラがオフになり、アイコン画面または名前に切り替わります。

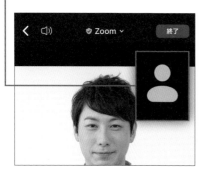

③ 再度オンにしたい場合は、［ビデオの開始］をタップします。

COLUMN

メインに表示する画面を切り替える

小さく表示されているワイプをタップすると、メインで表示される画面と位置を切り替えることができます。画面をオフにしているときや、相手が発言しているときなどには、見やすいように切り替えましょう。

ミーティングの基本画面を確認する

Zoomミーティングを行う前に、Zoomモバイルアプリの画面構成を知っておきましょう。なお、iPhoneとAndroidスマートフォンでは、操作や機能に大きな違いはありません。

◻ 主催画面を確認する

①	画面をZoom起動画面に戻します（ミーティングは終了しません）。
②	スピーカーのオン／オフを切り替えます。
③	インカメラとアウトカメラを切り替えます。
④	ミーティングIDやパスコードなどの詳細情報が表示されます。
⑤	ミーティングを退出・終了します。
⑥	自分の画面が表示されます。タップすることで、メイン画面と切り替えることができます。
⑦	相手の画面が表示されます。
⑧	ミュートのオン／オフを切り替えます。
⑨	ビデオのオン／オフを切り替えられます。
⑩	参加者が表示されたり、ほかの人を招待したりすることができます。
⑪	チャット画面が表示され、メッセージのやり取りができます。
⑫	左右にスライドすることで、「リアクション」「画面共有」「レコーディング」などといったほかの機能が表示されます。

SECTION 134

ミーティングから退出する

主催者（ホスト）がミーティングを終了する前に退出したい場合でも、個別に退出することができます。途中で退出する際には、チャットやマイクなどで一言添えてから退出するようにしましょう。

□ **ミーティングから退出する**

① ミーティング画面で［退出］をタップします。

② ［ミーティングを退出］をタップします。

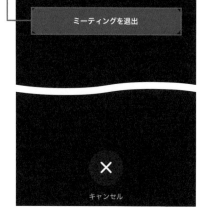

③ ミーティングから退出できます。

COLUMN

主催者(ホスト)がミーティングを終了した場合

主催者（ホスト）がミーティングを終了させると、参加者の画面には「ホストはこのミーティングを終了しました」と5秒間表示されます。［OK］をタップしなくても自動的に削除されます。

第**8**章　スマートフォンやタブレットの技

239

ミーティングを主催する

パソコンと異なり、iPhone や Android スマートフォンといった端末から Zoom ミーティングを主催したり参加したりするためには、必ず Zoom モバイルアプリのインストールが必要です。

□ ミーティングを主催する

① Zoom モバイルアプリを起動し、[新規ミーティング] をタップします。

② [ミーティングの開始] をタップします。

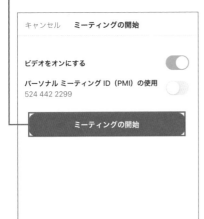

③ [WiFi または携帯のデータ] をタップします。

④ ミーティングが開始されます。

□ 参加者を招待する

① ミーティング画面で［参加者］をタップ
します。

② ［招待］をタップします。

③ 任意の招待方法（ここでは［メールの送
信］）をタップします。

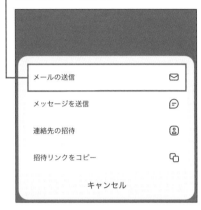

④ 「Gmail」アプリが起動するので、宛先を
入力し、

⑤ ↑をタップすると、送信されます。

チャットを使う

質問や、コメントを残したいときには、チャット機能を使いましょう。個別に送信する「ダイレクトメッセージ」は双方のチャット画面にのみ表示されます。

□ 全体にメッセージを送る

❶ ミーティング画面で［チャット］をタップします。

❷ チャット画面が表示されるので、画面下部の入力欄をタップします。

❸ メッセージを入力し、

❹ ▼をタップします。

❺ メッセージが送信されます。

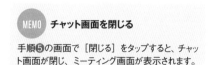 **チャット画面を閉じる**

手順❺の画面で［閉じる］をタップすると、チャット画面が閉じ、ミーティング画面が表示されます。

□ 個別にメッセージを送る

❶ P.242手順❶を参考にチャット画面を表示し、「送信先」の［全員］をタップします。

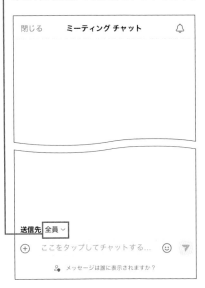

❷ メッセージを送信する相手をタップします。

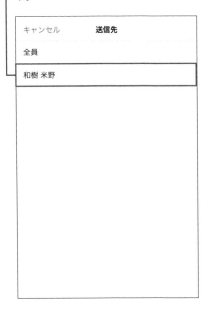

❸ メッセージを入力し、

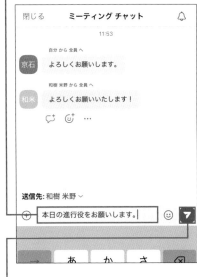

❹ ⏣をタップします。

❺ メッセージが送信されます。

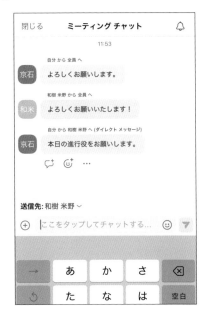

第8章　スマートフォンやタブレットの技

メッセージにリアクションする

テキストのやり取りだけでなく、リアクションを付けることでコミュニケーションを取ることができます。デフォルトで表示されているアイコンのほかにも多種多様なアイコンを選択可能です。

▫ メッセージにリアクションする

1 P.242手順**1**を参考にチャット画面を表示し、相手のメッセージ下部にある😊をタップします。

2 リアクションアイコンが表示されるので、任意のアイコンをタップします。

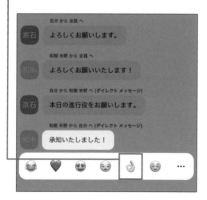

3 メッセージにリアクションが付きます。

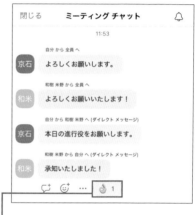

4 取り消したい場合は、リアクションをタップします。

5 リアクションが削除されます。

メッセージに返信する

チャット機能を利用して発言することで、議論を活発化させることができます。とくに主催者（ホスト）の場合は、質問などの見落としがないように適宜確認するようにしておくとよいでしょう。

□ **メッセージに返信する**

① ミーティング画面でチャットを受信すると、バッジが表示されるので［チャット］をタップします。

② チャット画面が表示され、メッセージを読むことができます。

③ メッセージを入力し、

④ ▼ をタップします。

⑤ メッセージが送信されます。

ファイル共有を行う

チャット画面では、メッセージのやり取りだけでなくファイルや画像などを送信し、共有することができます。ファイルの共有は Android スマートフォンのみ対応可能となっています。

□ ミーティング中にファイルを共有する

① P.242手順**①**を参考にチャット画面を表示し、⊕をタップします。

② [ファイルを送信] をタップします。

③ [ファイル] をタップします。

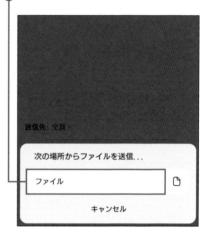

④ 任意の画像やファイルをタップして選択すると送信されます。

SECTION
140

画面を共有する

主催者（ホスト）は、画面の共有機能を利用して、参加者全員にアプリの動作確認や作成した資料などを細かく説明することができます。一斉に共通の画面を表示できるため便利です。

□ 画面を共有する

① ミーティング画面で［共有］をタップします。

② ［画面］をタップします。

③ ［ブロードキャストを開始］（Androidでは［今すぐ開始］をタップすれば開始されます）をタップすると、3秒後に画面が共有されます。

④ ◉をタップすると、共有する音声のオン／オフを切り替えられます。

⑤ ［ブロードキャストを停止］をタップすると、共有が停止されます。

インカメラとアウトカメラを切り替える

デフォルトではインカメラでミーティング画面に表示されますが、その場にあるものをすぐに見せたいときは、アウトカメラに切り替えましょう。切り替えられるのは自分の画面のみです。

インカメラとアウトカメラを切り替える

1 ミーティング画面で📷をタップします。

2 アウトカメラに切り替わります。

3 もとに戻したい場合は、再度📷をタップします。

4 インカメラに切り替わります。

COLUMN

セルフビューを非表示にする

ミーティング画面で［詳細］→［ミーティング設定］の順にタップし、「セルフビューを表示」の⬤をタップしてオフにすると、画面上の自分の画面は非表示になります。しかし、参加者の画面には引き続き表示されます。iPhoneとパソコンのみの機能です。

SECTION
...
142

通知を設定する

Zoom モバイルアプリでは、通知方法を細かく設定し、自分なりにカスタマイズすることができます。不要な場合は、特定の通知を完全にオフにして業務の妨げにならないようにしましょう。

□ 通知を設定する

❶ Zoom モバイルアプリを起動し［詳細］を
タップします。

❷ ［チームチャット］をタップします。

❸ 任意の通知（ここでは「メッセージの設定」の［オフ］）をタップして設定します。

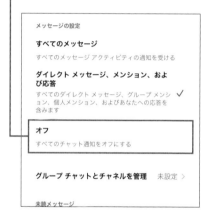

❹ すべてのチャット通知がオフになります。

第

8

章

スマートフォンやタブレットの技

249

バーチャル背景を設定する

ミーティング画面に表示される自分の背景は、プライバシー保護のためにバーチャルに設定するとよいでしょう。ただし、Androidスマートフォンでは、事前の設定は2023年4月現在、対応していません。

□ ミーティング前に変更する

1 Zoomモバイルアプリを起動し [詳細] をタップします。

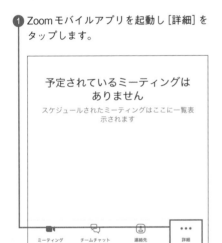

予定されているミーティングは
ありません
スケジュールされたミーティングはここに一覧表示されます

ミーティング　チームチャット　連絡先　詳細

2 [ミーティング] をタップします。

📅 カレンダー ＞
🖥 ホワイトボード ＞
🔲 アプリ ＞

設定

📹 ミーティング ＞
👤 連絡先 ＞
💬 チームチャット ＞
⚙ 一般 ＞
🧍 アクセシビリティ ＞

3 [背景とエフェクト] をタップします。

ビデオ

マイビデオをオフにする

外見補正　　　　　　　　　オフ ＞

背景とエフェクト　　　　　　　＞

次のためにバーチャル
背景を保存　　すべてのミーティング ＞

4 設定したい背景をタップし、

バーチャル背景　ビデオフィルタ　アバター

⊘ なし　　　◌ ぼかし

5 ■をタップすると、背景が設定されます。

□ ミーティング中に変更する

① ミーティング画面で［詳細］をタップします。

② ［背景とエフェクト］をタップします。

③ 設定したい背景をタップし、

④ ■をタップします。

⑤ 背景が設定され、ミーティング画面に戻ります。

> **MEMO** 保存している写真を設定する
>
> iPhoneに保存している写真を背景にしたい場合は、手順③の画面で■をタップして端末内のフォルダーにアクセスします。

チャンネルを作成する

同じチームやプロジェクトごとにチャンネルを作成すると、より緻密な情報共有が行え
ます。ファイルやテキスト、ビデオメッセージなどを通じてシームレスに業務を遂行す
ることができます。

□ チャンネルを作成する

① Zoom モバイルアプリを起動して［連絡
先］をタップし、

② ［チャンネル］をタップします。

③ ➕ （Android では ➕）をタップし、

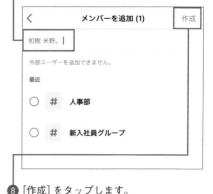

④ ［新規チャンネルを作成］をタップしま
す。

⑤ チャンネル名とタイプを入力・設定し、

> キャンセル　**新規チャンネルを作成**　次へ
>
> チャンネル名
>
> 人事部
>
> チャンネル タイプ
>
> **公開**　　　　　　　　　　　　　　　　✓
> 組織内の人なら誰でも検索、プレビュー、参加が可能です
>
> **プライベート**
> 組織内の招待されているメンバーが参加可能
>
> **高度な権限**　　　　　　　　　　　　　　 ＞

⑥ ［次へ］をタップします。

⑦ 任意で追加したいメンバーの名前やチャ
ンネル名を入力し、

> ＜　　　　**メンバーを追加 (1)**　　　作成
>
> 和樹 米野、｜
>
> 外部ユーザーを追加できません。
>
> 最近
>
> ○　＃　**人事部**
>
> ○　＃　**新入社員グループ**

⑧ ［作成］をタップします。

SECTION
145

ウェビナーに参加する

モバイルからZoomミーティングへ参加する際はZoomモバイルアプリをインストールする必要があります。また、モバイルからウェビナーを主催することはできないため注意が必要です。

□ URLから参加する

① 主催者（ホスト）から送られてきたメールに明記されているウェビナーURLをタップします。

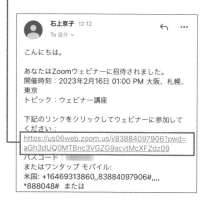

石上京子 12:12
To 自分 ∨

こんにちは。

あなたはZoomウェビナーに招待されました。
開催時刻：2023年2月16日 01:00 PM 大阪、札幌、東京
トピック：ウェビナー講座

下記のリンクをクリックしてウェビナーに参加してください：
https://us06web.zoom.us/j/83884097906?pwd=aGh3dUQ0MTBnc3VGZG9acytMcXFZdz09
パスコード：
またはワンタップ モバイル：
米国: +16469313860,,83884097906#,,,,
*888048# または

② スクリーンネームとメールアドレスを入力し、

✕ 名前とメールアドレスを入力

米野和樹

komeno1213@gmail.com

続行

名前とメールアドレスは誰に表示されますか？

③ ［続行］をタップします。

④ ウェビナーが開始されるまで待機します。

ウェビナー講座　　　　　　退出

ホストによってこのミーティングが開始されるのを待機しています

ミーティング ID　　　　　838 8409 7906

時間　　　　　　　1:00 午後 日本標準時

日付　　　　　　　　　　2023-02-16

⑤ 主催者（ホスト）がウェビナーを開始すると、参加できます。

■索引

お問い合わせについて

本書に関するご質問については、本書に記載されている内容に関するもののみとさせていただきます。本書の内容と関係のないご質問につきましては、一切お答えできませんので、あらかじめご了承ください。また、電話でのご質問は受け付けておりませんので、必ずFAXか書面にて下記までお送りください。なお、ご質問の際には、必ず以下の項目を明記していただきますよう、お願いいたします。

① お名前
② 返信先の住所またはFAX番号
③ 書名（今すぐ使えるかんたんbiz　Zoom　ビジネス活用大全）
④ 本書の該当ページ
⑤ ご使用のOSとソフトウェアのバージョン
⑥ ご質問内容

なお、お送りいただいたご質問には、できる限り迅速にお答えできるよう努力いたしておりますが、場合によってはお答えするまでに時間がかかることがあります。また、回答の期日をご指定なさっても、ご希望にお応えできるとは限りません。あらかじめご了承くださいますよう、お願いいたします。

問い合わせ先

〒162-0846
東京都新宿区市谷左内町21-13
株式会社技術評論社　書籍編集部
「今すぐ使えるかんたんbiz　Zoom　ビジネス活用大全」質問係
FAX番号 03-3513-6167　URL:https://book.giho.jp/116

お問い合わせの例

FAX

① お名前
　技術　太郎
② 返信先の住所またはFAX番号
　03-××××-××××
③ 書名
　今すぐ使えるかんたんbiz　Zoom
　ビジネス活用大全
④ 本書の該当ページ
　100ページ
⑤ ご使用のOSとソフトウェアの
　バージョン
　Windows 11
　Zoom 5.13.3
⑥ ご質問内容
　結果が正しく表示されない

※ ご質問の際に記載いただきました個人情報は、回答後速やかに破棄させていただきます。

今すぐ使えるかんたんbiz
Zoom　ビジネス活用大全

2023年6月9日　初版　第1刷発行

監修‥‥‥‥‥‥‥‥‥‥　分散システム技研合同会社
著者‥‥‥‥‥‥‥‥‥‥　リンクアップ
発行者‥‥‥‥‥‥‥‥‥　片岡　巌
発行所‥‥‥‥‥‥‥‥‥　株式会社 技術評論社
　　　　　　　　　　　　東京都新宿区市谷左内町21-13
　　　　　　　　　　　　電話　03-3513-6150　販売促進部
　　　　　　　　　　　　　　　03-3513-6160　書籍編集部
カバーデザイン‥‥‥‥‥　小口　翔平＋畑中　茜（tobufune）
本文デザイン‥‥‥‥‥‥　今住　真由美（ライラック）
編集・DTP・本文図版‥‥　リンクアップ
担当‥‥‥‥‥‥‥‥‥‥　青木　宏治
製本・印刷‥‥‥‥‥‥‥　日経印刷株式会社

定価はカバーに表示してあります。

ISBN978-4-297-13551-5 C3055
Printed in Japan